信息化战争工程作战理论创新丛书

工程支援论

主　编　房永智
副主编　董天峰　张少光
参　编　唐振宇　韩　伟
　　　　朱洪彬　臧德龙

国防工业出版社
·北京·

内容简介

本书以新时代军事战略方针为指导，以具有智能化特征的信息化局部战争和联合作战为背景，以工程支援为研究对象，着眼于作战对工程支援的需求，从分析工程支援内涵、规律与特点入手，研究了工程支援指导原则、任务、力量、指挥、行动、装备和典型作战样式工程支援等方面的重大、疑难和亟须规范的问题，提出了一些创新观点，旨在加深对信息化局部战争工程支援的认识和理解，推动工程支援理论创新发展。

本书可作为陆军院校工程兵作战相关课程教材，也可供部队指挥员与指挥机关人员、军事相关理论研究人员参考。

图书在版编目（CIP）数据

工程支援论/房永智主编．—北京：国防工业出版社，2023.3
（信息化战争工程作战理论创新丛书）
ISBN 978-7-118-12723-2

Ⅰ.①工… Ⅱ.①房… Ⅲ.①工程兵－作战－军事理论 Ⅳ.①E151

中国国家版本馆 CIP 数据核字（2023）第 065209 号

※

国防工业出版社出版发行
（北京市海淀区紫竹院南路23号　邮政编码100048）
北京虎彩文化传播有限公司印刷
新华书店经售

*

开本 710×1000　1/16　印张 11¼　字数 188 千字
2023年3月第1版第1次印刷　印数 1—1500 册　定价 82.00 元

——————————————————

（本书如有印装错误，我社负责调换）

国防书店：(010) 88540777　　书店传真：(010) 88540776
发行业务：(010) 88540717　　发行传真：(010) 88540762

"信息化战争工程作战理论创新丛书"编审委员会

主　任　周春生　史小敏　刘建吉
副主任　唐振宇　房永智　张治国　李　民
委　员（以姓氏笔画排序）
　　　　　王　昔　刘建吉　李　民　何西常
　　　　　张治国　周春生　房永智　郝学兵
　　　　　侯鑫明　唐振宇　隋　斌　廖　萍

总　　序

从南昌起义建军至今，我军工程兵在党的坚强领导下，走过了艰难曲折、筚路蓝缕的90余年，一代又一代工程兵官兵忘我奉献、锐意进取、创新有为，不断推动工程兵革命化、现代化、正规化建设迈向更高层次。站在新时代的历史方位上，这支英雄的兵种该往哪里走，该往何处去？

——理论创新是最首要的创新，理论准备是最重要的准备

"得失之道，利在先知。"以创新的理论指引创新的实践，是一个国家、一支军队由弱到强、由衰向兴亘古不变的发展道理。在这样一个特殊的历史节点，如想深化推进工程作战理论创新，需要自觉将其置于特定的时代背景下理解认识，这主要基于三个原因：

一是艰巨使命任务的急迫呼唤。以陆军为例，其使命任务包括：捍卫国家领土安全，应对边境武装冲突、实施边境反击作战，支援策应海空军事斗争，参加首都防空和岛屿防卫作战；维护国内安全稳定，参加抢险救灾、反恐维稳等行动；保障国家利益，参加国际维和、人道主义救援，参与国际和地区军事安全事务，保护国家海外利益，与其他力量共同维护海洋、网络等新型领域安全的使命任务。不论执行哪种类型的使命任务，工程兵都是不可或缺的重要单元和有机组成，理应发挥重要作用、作出应有贡献，该如何认识、怎么定位工程兵，需要新的理论予以引领支撑。

二是全新战争形态的客观必需。作战形式全新，一体化联合作战成为基本作战形式，作战力量、作战空间、作战行动愈发一体化；制胜机理全新，战场由能量主导制胜向信息主导制胜转变，由平台制胜向体系制胜转变，由规模制胜向精确制胜转变；时空特性全新，时间高度压缩、急剧升值，空间空前拓展、多维交叠，时空转换更趋复杂。工程兵遂行作战任务对象变了、空间大了、要求高了、模式换了，该如何看、如何用、如何建、如何训，需要新的理论予以引领支撑。

三是磅礴军事实践的强力催生。军队调整改革带来工程兵职能定位、规模结构、力量编成的巨大变化，其战略、战役、战斗层次的力量编成更加明确，作战工程保障、战斗工程支援、工程对抗和工程兵特种作战不同力量的职能区分更清晰，工程兵部（分）队力量编制的标准性、体系性、融合性和模块化更突出，工程兵作战支援和作战保障要素更加完善。如何理解认识这些新变化、新情况、新特点，在坚持问题导向中不断破解问题、深化认识、推动发展，这些都需要新的理论予以引领支撑。

——只是现实力求成为思想是不够的，思想本身应当力求趋向现实

我军工程兵作战理论体系一直以来都以作战工程保障为核心概念，主要是与机械化战争特点一致、与区域防卫背景匹配的理论体系。不可否认的是，该理论体系愈发难

以适应信息化局部战争的新特点，军事斗争准备向纵深推进的新形势，陆军全域作战的新任务，部队力量编成的新要求。主要体现在：

一是难以主动适应战争发展。信息化战争形态的更替演进，使作战思想、作战手段、作战时空、作战行动和作战力量等都发生了近乎颠覆性的变化，工程作战从内容到形式、从要素到结构等都发生了深刻变革。比如，信息化战争中信息作战成为重要作战形式，工程作战必须聚焦夺取和保持战场制信息权组织实施；再如，信息化战争中作战力量多维聚合、有机联动、耦合成体，工程作战力量组织形态必将呈现一体化特征；还如，信息化战争中参战力量多元、战场空间多维，工程作战任务随之大幅增加，难度强度倍增，等等，对于这种全方位、深层次的变化需求，现有的理论体系难以完全反映。

二是难以完整体现我军兵种特色。新时代的工程兵，职能任务不断拓展，技术水平持续跃升，作战运用愈发灵活，嵌入联合更为深度，如组织远海岛礁基地工程建设与维护、海上浮岛基地工程建设与维护、远海机动投送设施构筑与维护；再如敌防御前沿突击破障开辟道路、支援攻坚部队冲击；又如运用金属箔条、空飘角反射器、人工造雾等实施工程信息对抗；还如对敌指挥控制工程、主要军用设施工程、交通运输工程、后方补给工程及其他重要工程进行工程破袭等，均发生了较大改变，现有的理论体系还难以集中反映，亟须重新提炼新的作战概念、架构新的作战理论。

三是难以有效指导部队训练。军队领导指挥体制、规模结构和力量编成改革后，工程兵部队领导指挥关系、力量编成结构发生重大变化，随之必然带来角色定位、职能任务、运用方式、指挥协同、作战保障等的重大变化，且这种变化还在持续调整之中，如何主动跟进适应这种变化，进而超前引领部队训练，亟须创新的理论给予引领。

四是难以让人精准掌握认知。现行的工程兵作战理论，如具有代表性的"群队"编组理论等，总体上还比较概略化、传统，缺乏实证奠基、定量支撑，且并非适用于所有背景、全部情况，导致部队在实际运用中还存在吃不透、把不准、没法用的情况出现，亟须通过创新理论体系、改进研究方法、合理表述方式，努力从根本上改善这种情况。

五是难以强化学科严谨规范性。现有的工程兵作战理论体系主要以"三分天下"的作战工程保障、工程兵战术、工程兵作战指挥"老三学"为理论基础，但"老三学"本身的研究范畴界限就并非十分清晰，研究视点上有重复、内容上也有交叉，很难清晰界划剥离，对于兵种作战学科视域内出现的大量新问题、新情况，亟须通过学科自身的演进发展进行揭示和解决。

——如同人的任何创造活动一样，战争历来是分两次进行的，第一次是在军事家的头脑里，第二次是在现实中

作战概念创新反映对未来作战的预见，体现这种理论发展的精华，是构建先进作战理论体系的突破口。创新工程作战的核心概念，以此来构建全新的工程作战理论体系，是适应具有智能特征的信息化联合作战的客观要求，是有效履行工程兵使命任务的迫切需要，是推进工程兵转型发展的动力牵引，恰逢时也正当时。

该书以"工程作战"概念为统领,围绕"工程保障""工程支援""工程对抗""工程特战"四个核心作战概念,通过概念重立、架构重塑、内容重建,建构全新的工程作战理论体系。丛书编委会在全面系统地总结和梳理了近年来工程兵作战和建设理论研究成果的基础上,编著了《工程保障论》《工程支援论》《工程对抗论》《工程特战论》,形成了"信息化战争工程作战理论创新丛书"。其中,"工程作战"是具有统摄地位的总概念,可定义为"综合运用工程技术和手段实施的一系列作战行动的统称"。可从以下四个方面进一步理解:一是从行动分类来看,主要是工程保障、工程支援、工程对抗和工程特战;二是从作战目的来看,主要是为保障和支援己方作战力量遂行作战任务,或通过直接打击或抗击敌人达成己方作战意图;三是从作战主体来看,主要是作战编成内的军队和地方力量,其中,工程兵是主要的专业化力量,其他军兵种是重要力量;四是从根本属性来看,"运用工程技术和手段"是工程作战区别其他作战形式的核心特征和根本标准。应该说,"工程作战"这个全新作战概念的提出,既凸显了工程技术的前提性、工程手段的专业性、工程力量的主体性,又集合了工程领域所涵盖的"打、抗、保、援"等不同类型和属性作战活动的丰富意蕴。在研究内涵上,"工程作战"既基于工程兵,又超越工程兵。在研究视域上,其既有对共性问题的全面探讨,也有对个性问题的深度探究。在研究逻辑上,其从概念设计入手,采取自底向上和自顶向下相结合的思路整体架构作战概念体系,并以此推导出符合信息化局部战争特点、军事斗争要求和部队力量编成实际的全新工程作战理论体系。具体来看，"工程支援"是从传统的"工程保障"概念中分立出来的新概念，主要从战斗层面，研究相关的工程作战活动，而这里的"工程保障"更多的是从战略战役层面，研究相关的工程作战活动；"工程对抗"是从战略、战役、战斗三个层面，对基于工程技术所特有的对抗属性，将与敌人直接发生各种兵力、火力、信息力交互关系的工程作战活动进行全面阐析；"工程特战"是从联合作战的整体维度，对利用工程技术手段和力量所实施的特种作战行动（无论其力量主体是谁）进行的系统阐释。在研究内容上，从重新确立核心概念入手，逐层深入分析阐释信息化战争、体系对抗背景下工程作战的相关问题。在研究方法上，注重理论演绎、实证分析、量化分析相结合，力求使研究观点与结论更加科学合理。

"谋篇难，凝意难，功夫重在下半篇。"显而易见，确立新概念并尝试初步建构新体系，仅仅跨出了工程作战理论创新的第一步。若想彻底完成理论的嬗变，需要广大理论研究人员，给予接力性、持久性、批判性的关注，合力开创工程作战理论新局面、新篇章。

丛书编委会
二〇二二年十月

前　言

当前，世界新军事革命深入发展，速度快、范围广、程度深、影响大，一系列新的变化引人注目。在充满机遇与挑战的新时代，实现强军目标、建设世界一流军队，加速工程兵兵种转型建设，则迫切需要我军实施创新驱动，推进理论创新。工程支援论是具有时代性、引领性、独特性的工程兵作战新理论，对提升工程兵新质战斗力建设，引领工程兵军事装备发展具有重要意义。

凝聚智慧，理论革新。工程兵在未来战争大舞台上无可替代，在军队建设大局中不可或缺，推进工程兵理论创新的重任始终在肩。作战概念创新反映对未来作战的预见，体现这种理论发展的精华，是构建先进作战理论体系的突破口。创新工程支援概念，是适应信息化联合作战的客观要求，是有效履行工程兵使命任务的迫切需要，是推进工程兵转型发展的动力牵引。工程支援论是从传统的工程保障概念中分立出来的新概念，主要从战斗层面，研究相关的工程作战活动，在逐层深入分析阐释信息化战争、体系对抗背景下工程支援的问题导向，深化作战理论认识、推动工程兵快速发展，需要新的理论予以引领指导。

基于使命，永当先锋。一代代工程兵人传承接续，始终与时代同行，用深邃的眼光洞察世界军事发展，用睿智的思维引领工程兵理论创新发展。新一轮军队改革效益初显，合成旅、兵种旅下属工程兵分队在作战实践与军事训练中发挥的作用日益突出，工程支援力量与其他作战支援力量共同支撑体系作战，相关实践的蓬勃发展有力地牵引了工程支援理论创新加速推进。可以预见，我军在现有体制编制下遂行多样化军事行动，对工程支援的任务需求更加迫切，工程支援将是工程兵军事理论实现突破创新的重要领域，而工程兵军事理论实现跨越式创新发展，更需要工程支援理论予以引领支撑。

责无旁贷，不竭动力。实现强军目标的重任，历史地落在了我们这一代军人身上，有多大担当才能干多大事业，尽多大责任才能有多大成就。我们要推动军事理论创新，时刻铭记研战为战的神圣使命，充分发挥高端智库作用，肩负起推进工程兵军事理论创新的历史责任。目前，工程兵遂行作战支援任务，对象转变、空间增大、要求变高、模式转换，需要工程支援力量怎么战斗、如何指挥、有哪些措施等理论问题亟待破解，推进相关研究为工程支援决策、指挥和行动实施予以引领发展。

实践发展没有终点，理论创新永无止境。对于工程兵军事理论的研究探索，永远在路上，工程支援还有很多理论和实践问题有待进一步深化研究，限于作者研究能力水平，不当、错漏之处恳请广大读者批评指正。

编　者

2022 年 10 月

目　　录

第一章　概述 ··· 1
　　一、工程支援的概念 ·· 1
　　二、工程支援的基本内涵 ·· 4
　　三、工程支援的地位作用 ·· 7
第二章　工程支援基本规律与主要特点 ································ 12
　　一、工程支援基本规律 ·· 12
　　二、工程支援主要特点 ·· 21
第三章　工程支援指导思想与基本原则 ································ 27
　　一、工程支援的指导思想 ·· 27
　　二、工程支援的基本原则 ·· 32
第四章　工程支援任务 ··· 41
　　一、提供工程信息支援 ·· 41
　　二、支援合成部队战术机动 ·· 46
　　三、拘束敌战场机动 ·· 53
　　四、提高合成部队战场生存效能 ···································· 58
第五章　工程支援力量 ··· 64
　　一、工程支援力量主要编成 ·· 64
　　二、工程支援力量使用原则 ·· 66
　　三、工程支援力量运用方式 ·· 73

四、工程支援力量基本编组 ··· 77

第六章　工程支援指挥 ··· 85
　　一、工程支援指挥活动 ··· 85
　　二、工程支援指挥流程 ··· 90
　　三、工程支援指挥方式 ·· 100

第七章　工程支援行动 ·· 105
　　一、工程信息支援行动 ·· 105
　　二、排除障碍行动 ··· 110
　　三、布雷设障行动 ··· 115
　　四、开辟通路行动 ··· 119
　　五、开设指挥所行动 ·· 124
　　六、工程伪装行动 ··· 129

第八章　工程支援装备 ·· 138
　　一、工程支援装备需求 ·· 138
　　二、工程支援装备体系结构 ·· 141
　　三、工程支援装备建设 ·· 148

第九章　工程支援发展趋势 ·· 152

参考文献 ··· 161

第一章　概　述

新时代着眼履行我军使命任务，顺应世界新军事革命大潮，如何适应信息化联合作战的发展，建立符合时代要求的工程兵作战理论新体系尤为重要。工程支援是工程兵作战理论适应战争形态演进、实现突破创新的重要内容，推进相关研究不仅可以为工程支援的筹划决策、指挥控制和行动实施提供参考与借鉴，而且对工程兵作战指挥、作战训练和工程装备实现跨越式创新发展具有重要的现实意义。

一、工程支援的概念

准确把握工程支援概念的内涵和外延，有助于我军进一步认识其本质特点和地位作用，厘清其与工程保障、工程对抗职能任务的区别与联系。

作为复合词，"工程支援"这一概念主要涉及"工程"和"支援"两个词的定义。这两个词语在《中国人民解放军军语》（以下简称《军语》）中均没有给出具体定义，但对相近相关词语有如下解释。

工程兵：以各专业工程器材、机械、设备为基本装备担负工程保障任务的兵种。

军事工程：①用于军事目的的各种工程建筑和设施的统称；②用于军事目的的各种专业技术或系列工作的统称。

工程伪装技术：对目标实施工程伪装的技术，包括植物伪装技术、迷彩伪装技术、遮蔽伪装技术、假目标伪装技术、灯火伪装技术和音响伪装技术等。

防护工程技术：防护工程的设计、施工、维护和加固、改造等技术的统称。

支援：指挥员将直接掌握和所属某一部队的兵力兵器援助所属另一部队或友邻的行动，是加强的主要方式。

火力支援：以火力对所属部队或友邻作战行动实施的援助，目的是对妨碍被支援部队作战行动的目标进行压制、摧毁、破坏，为部队遂行作战任务创造条件。

情报支援：在情报方面向有关对象提供的援助。通常根据作战需求和上级指示实施，也可根据与有关国家、地区、军事集团的协议实施。

信息作战支援：信息作战力量以信息作战行动对其他部队作战行动实施的援助，目的是保证其他部队作战行动的顺利实施。

综上所述，结合本书研究对象和工程兵作战实际情况，可以认为"工程支援"中的"工程"主要是运用于作战中的工程力量、工程措施、工程技术和手段等所有工程领域各要素集合的统称，而"支援"主要是指对所隶属或者配属部队内其他作战力量或作战行动实施的支持和援助。由此，可以对"工程支援"做如下定义：

工程支援，是为支持和援助部队战斗行动顺利进行，综合运用工程力量、技术和手段实施的工程作战行动的统称。

这一定义包括以下几个方面含义。

第一，工程支援的层次，主要是在战斗层级，是对合成部队的战斗行动给予的支持和援助，是对战斗层级的工程作战力量和技术手段方面的作战运用。

第二，工程支援的主体，主要是联合战术兵团或陆军合成部队建制内或加强的工程作战力量，主要包括陆军各合成旅、兵种旅原有建制内工程兵分队，战时配属加强的工化旅、工兵旅部分作战力量，以及战时可能补充到各合成旅、兵种旅担负工程任务的地方支前力量。

第三，工程支援的对象，是担负攻防作战任务的合成部队或其他专业作战力量，其目的是确保各项作战顺利进行以达成作战目标。通常情况下，工程支援主体与对象处于同一战术或战役单元，在战时工程支援力量与支援对象将全程协同一致展开各项作战行动。

第四，工程支援的任务空间主要是在作战部队与敌交战的地域，任务时间基本上从战场机动与集结开始，贯穿到战斗转换时节或作战结束。在这一时空范围内，工程支援力量需要与所隶属或配属的部队编成中其他作战力量形成体系合力与敌对抗，相比较工程保障、工程对抗行动，工程支援行动更具有鲜明的协同性、体系性和全程性。

第五，工程支援的核心内容是综合运用工程信息、工程装备器材、工程专业技术支持和援助合同作战的工程行动。只有当工程支援力量运用各种工程措施来支援合成部队作战行动顺利进行时，才能认定其是工程支援行动。同时，在工程措施里也突出了工程信息要素的地位，更加符合信息化战争制胜机理和实践要求。

二、工程支援的基本内涵

要准确理解"工程支援"的基本内涵，还需要从以下几个方面进一步去把握和认识。

(一) 发展性——工程支援是工程作战行动在信息化战争时代的新发展

将工程措施运用于战场支援和保障战争的顺利进行，古来有之。中国是较早出现战场工程实践活动与理论记述的国家之一。春秋战国及以前的《孙子兵法》《墨子》《六韬》《尉缭子》中，就有了关于伪装、筑城、障碍物、渡河等单项工程措施的专题理论论述。伴随冷兵器、热兵器到机械化战争出现在历史的舞台上，工程支援也一直伴随战争发展至今。特别是，第一次世界大战和第二次世界大战期间，战争激烈程度提高，作战行动对于机动、反机动和防护工程保障的依赖程度提高，工程支援已经成为合成部队行动不可或缺的重要支援任务之一，但是受工程兵作战理论发展制约，工程支援相关内容始终被纳入作战工程保障理论范畴进行研究。战后几次局部战争中，信息化战争逐步显露真容，工程支援的地位和作用更加凸显，以保障理论继续涵盖工程支援作战属性逐渐显示出其制约性，工程支援实践的不断丰富更是催生出理论研究的成熟和发展，工程支援理论研究由此翻开了新的篇章。

(二) 实践性——工程支援是新一轮军队力量体制编制调整后的新实践

伴随国防和军队改革全面落地，我军作战力量新的组织形态已经基本全面形成。着眼建强融入联合的精锐陆战力量，调整后的陆军以旅为基本作战单位、以营为基本作战单元，加强野战化、模块化、信息化建设，努力打造与全域作战要求相适应的陆战力量体系。为适应这一要求，满足打赢信息化局部战争目标，新体制下陆军合成旅、兵种旅等作战旅编设了工兵分队。其中，重型和中型作战旅合成营编设工兵排，作战支援营编设工兵连。轻型作战旅（包括摩步、山地、轻高机动等作战旅）合成营均编设工兵班，作战支援营编设工兵连。尤其是炮兵、防空兵、空中突击旅、陆航旅等，在本次体制编制调整中也均编设有工兵防化连或者工兵连。全军目前保留的师建制内依然编设工兵营、团编设工兵连。这些编设在战斗层次的工程兵是战斗工程支援的主体力量，其对陆军作战目标的达成至关重要。新体制编制调整后陆军工程兵力量结构变化、使命任务变迁和职能作用调整，对工程兵作战理论发展提出了更高要求和挑战，更为工程支援理论创新与实践发展提供了沃土。

（三）体系性——工程支援是对作战力量全程、全时、全域的支援行动

信息化战争的本质是体系作战，信息主导、精打要害、联合制胜是这一本质内涵的核心要求，是打赢信息化战争的基本途径。未来战场，工程兵与其他军兵种一致，必须采取模块化编组形成体系作战的基本单元投入战争中使用。传统作战条件下，作战行动按线式展开，前沿纵深区分明显，进攻防御界线清晰，工程兵的主要任务是保障合成部队作战行动。而信息化战争非对称、非线式、非接触性更

加明显，交战双方将在全维、不规则战场上，针对敌方的作战重心和作战体系的薄弱环节，集中己方各作战要素优势给予致命打击，工程兵作战职能也必须由过去的专司保障向支援、对抗不断拓展。同时，信息化战场实现了陆、海、空、天、电磁、认知等多维空间作战要素有机连接，各编组模块化程度高，彼此关系更加紧密，并在作战全空间基于能力融合，工程支援行动再也不能像过去那样立足于自我筹划、计划协同、独立调控，而必须走向同步决策、随机协同和一体实施，可以说工程支援是对合成部队的整体支援、全程支援、体系支援。

（四）差异性——工程支援与传统作战工程保障既有联系也有本质区别

过去，工程支援相关实践内容一直被纳入传统的作战工程保障理论研究范畴进行研究，在提出和树立工程支援理论后则需要认真把握两者之间的区别和联系。一是基本着眼点不同。工程支援是信息化战争时代的作战支援思想在工程技术和手段运用方面的体现，是着眼于在非线式动态化战场对陆军合成部队战斗行动的直接支援；而传统的作战工程保障概念具有机械化战争时代的保障思维，着眼于对作战行动的保障，战斗属性不突出，支援功能体现不明显。二是力量运用与编组方法不同。从目前的实践来看，工程支援力量的主体基本上就是隶属和配属给各作战部队的各工程兵分队，主要采取要素集成和模块化灵活编组的方式运用，工程行动的支援性质作用突出；而传统意义上的工程保障力量是指工程兵和诸军（兵）种、民兵和人民群众，大多采取分专业编组的方式运用保障力量，强调的是发挥参战各力量保障作用。三是支援方式不同。工程支援是以直接动态方式支援战斗，更是与支援对象全程一体共同实施的作战行动；而传统的工程保障是指对不同战斗时节实施的重点保障，可以定点实施，也可以区域内巡回实施。四是行动指挥与装备不同。因工程支援需要与合成部队或兵种部队全程一体协同作战，所以工程支援装备在对抗性、机动性、防护性等方面与在相对安全的地域执行工程保障任务的工程装备有较大不同。五是目标效果不同。工程支援行动需要基于作战企图和作战效果，精确筹划、精投力量、精施行动、精评效果；而传统的工程保障行动则是基于作战实际需求有重点地实施阶段性的工程保障任务。

三、工程支援的地位作用

随着陆军作战部队机动能力的提高，作战方式的转变和武器装备的不断优化，其对工程支援行动的依赖性越来越强，工程支援在整个作战过程中的地位也越来越高，对作战进程和结局具有直接重要的影响。

（一）工程支援是联合（合成）作战支援体系的重要组成

信息化战争中，各作战系统、作战单元、作战要素贯彻"信息主导、精打要害、联合制胜、体系破击"的总体作战思想，围绕联合（合同）战斗体系中重要目标的打击、攻占、扼守等行动，以模块化战斗力量编组，在非线式动态化的战场上，通过一系列效果精确的战术行动达成作战目标。工程支援正是在此战场环境中，围绕联合（合同）

战斗体系中重要目标的打击、攻占、扼守等行动，以工程措施支援作战部队遂行战斗行动，是作战支援体系的重要组成部分。其目的在于以工程技术和手段为己方部队及时完成作战任务创造有利条件，提高作战部队的信息、机动、防护能力，破坏敌人的行动和整体结构，降低敌作战能力。

工程支援是作战支援体系的重要组成部分。工程支援概念属于作战支援范畴的研究内容，与情报信息支援、火力支援等相关支援概念存在着互为依存、互为作用和相互制约的辩证关系。工程支援与作战支援的关系是局部与全局的关系，也是被指导与指导的关系。从作战支援与工程支援的关系来看，作战支援是工程支援的全局，是工程支援的上一层级，对工程支援负有指挥与指导责任，并决定着工程支援的性质、目的、任务和行动。因此，工程支援无论是支援的动机还是力量的使用，都必须服从作战支援的全局要求，应根据作战支援总目的去计划、组织和实施工程支援。

工程支援更是联合（合同）作战的重要组成部分，一切行动都必须在联合（合同）作战指挥员的统一指挥下实施。因此，工程支援是战斗全局的一个局部，确保作战行动的顺利实施是工程支援的基本宗旨。同时，联合（合同）作战指挥成效对工程支援的成效起到制约作用，联合（合同）作战指挥得当，工程支援的作用就能得到正常发挥；反之，则会影响工程支援能力的正常发挥，进而影响整个作战行动。

（二）工程支援是陆军全域机动作战的基本支撑条件

未来作战，陆军将依据联合作战企图，从全域作战的宏观角度出发，以信息化时代的陆军新型作战力量为基础，对敌实施立体、远距离、全纵深、高强度、快速机动作战。陆军全域机动作战是对作战对象实施的立体和全纵深机动作战，通过地面、空中、前沿、翼侧等各个空间、各个位置和各个角度，同时或相继地对敌人实施全方位、立体化、综合化打击。陆军全域机动作战的全方位、大机动、一体化和不对称特点让作战行动更加精确、高速度、高效率，陆军作战行动比以往任何时候更加依赖工程支援，工程支援任务将会更加艰巨和复杂，单位时间内工程支援的需求量将急剧增长。无论信息对抗、火力打击、防空袭行动，还是机动、进攻、防御等战斗行动，抑或作战转换及结束时的行动，工程支援都是陆军作战部队所有战斗行动的重要支撑条件。

陆军全域机动作战强调先机制敌，即通过陆军全域的快速作战行动，以快速反应的作战行动置敌于被动态势，达成敌未动我先动，破坏敌方企图，削弱对方的作战意志和作战锐气，进而获得作战的胜利。要实现速度制胜，必然要求陆军全域机动作战力量应具有高度的快速反应能力，能够在规定的时间内迅速到达指定地点，及时展开部署和实施作战行动。速度制胜强调全域机动作战力量能够根据联合作战的需要，在非线式的陆战场作战环境中快速机动，使敌惊慌失措，反应失效，置敌于不利地位，以夺取和控制作战主动权。在这一过程中，陆军对工程力量在作战部队的机动力、反机动力和生存力方面的支援需求是巨大的。战场上，工程支援力量将会构筑与维护道路、桥梁，排除障碍物或在障碍物中开辟通路等，确保部队适时机动；构筑与设置障碍物，实施破坏作业，阻滞敌人的机动，从而确保夺取作战主动权；运用伪装、筑城等工程措施，削弱敌人侦察和火力杀伤破坏的威胁以及不良环境的危害，保证有生力量、武器装备和各种设施的安全，从而提高部队隐蔽安全和实施稳定指挥的能力。

（三）工程支援是制约合同作战进程和胜负结局的关键因素

信息化战争中，工程支援是决定作战胜负的关键因素。近期几场局部战争已经证明，工程支援对作战进程和胜负结局具有举足轻重的作用。在未来作战中，工程支援的重要性将更加突出。

指挥所是合成部队作战行动的大脑和中枢，其特殊的地位作用使之成为敌侦察、监视、打击的首选目标，维护和确保各级指挥所的安全与稳定具有极其关键的作用和十分重要的意义。工程支援力量将快速隐蔽地构筑指挥机构各类工事；适应战场流动性和指挥流动化的需要，运用各种工程技术和手段隐蔽与防护指挥信息系统；消除或降低指挥机构的各种暴露征候，构筑和设置假指挥所，对抗和干扰敌方侦察探测与打击；抢修和恢复指挥工事及附属设施，确保指挥与信息获取、处理、传输、使用的稳定、安全和不间断。

信息化战争敌我双方将围绕信息的获取、传输、防护、利用等展开激烈较量。工程支援力量运用隐蔽措施减少我方信息泄露，对重要目标、主要作战行动实施伪装，使敌方难以获取我方真实的战场信息；运用示假手段，有目的地向敌方散布假信息，使之产生错误判断；运用干扰遮障、高技术迷茫烟雾等，阻止敌方侦察监视；加强伪装管理，严格伪装纪律，使战场信息流围绕作战企图展开，使工程信息支援为夺取作战胜利提供重要支撑。

信息化战场透明度高、打击精度高、硬摧毁与软杀伤频繁使用，作战部队生存面临着严重威胁，迫切需要工程支援对各项作战行动施以实时化的精确支援。实时化地获取工程信息，以最少的保障力量、最短的机动路线、最快的战斗速率，达到最大的支援效果，以精确化的工程支援行动确保作战行动的顺利实施。在信息化战场上，要对地面、空中、水上多维空间机动网的重要方向、重要地段、交通枢纽等，部署工程支援精兵强将，运用工程支援机动兵力和装备器材实施快速灵活的动态支援，与敌方打击破坏反复对抗，确保信息化武器装备快速机动。工程支援还将针对信息化武器增多、装备体积较大、类型复杂和防护要求高的特点，坚持多种工程防护措施相结合，工程防护与隐蔽伪装相结合，依托既设信息化防护工程，运用信息化工程装备和能够快速组构的野战信息化工事器材，为作战部队信息化武器装备快速机动地构设工事。未来工程支援会发展和运用机动、打击、防护一体化的综合防护手段，实现防护工事与信息化武器装备一体化，为作战部队提供全程、全域防护。

第二章 工程支援基本规律与主要特点

规律是指事物在运动、发展过程中所具有的某种确定不移的基本秩序，即事物本身所固有的、本质的、必然的联系。工程支援与其他事物一样，也同样有其自身发展变化的规律。认真研究、探索和揭示其基本规律，是研究工程支援原则、组织指挥与实施等问题的基础。

一、工程支援基本规律

工程支援规律也与其他事物的规律一样，有着一般和特殊之分。工程支援的一般规律，即基本规律，是指各种类型、样式和层次的工程支援所共有的普遍规律；工程支援的特殊规律，是指特定时间、地点等条件下的工程支援所特有的具体规律，它们既互相联结，又互相区别。一般规律寓于特殊规律之中，而特殊规律又受到一般规律的制约和影响，并且在一定条件下二者可以相互转化。在此，重点研究工程支援的一般规律，以期对不同的工程支援具有普遍的指导意义。

（一）工程支援内容取决于联合（合同）作战行动需要

根据联合（合同）作战行动需要，确定相应的工程支援内容，对于有效破敌防御前沿、确保机动自由和夺取作战胜利，具有十分重要的意义。工程支援内容，即具体的工程支援任务及其采取的相应措施。它与合同战斗行动的关系，主要表现为工程支援内容服从并服务于合同作战行动，而合同战斗行动只有依靠工程支援具体内容的实施，才能顺利达到预期的作战目的，这是由它们相互间的本质联系决定的。

现代条件下不同性质、不同特点的战斗行动对工程支援内容有着不同的要求。战斗行动性质，是指某一战斗行动所具有的基本属性，如进攻战斗和防御战斗、一般战斗和特殊战斗等。由于它们各自采取的行动方式不同，所处的环境条件不同，行动的时机不同，因此不但特点迥异，而且所需的工程支援内容各不一样。

一是不同的战斗类型需要不同的工程支援内容。进攻战斗，是主动进击敌人的战斗，其行动特点具有很大的主动性、突然性、快速机动性和速决性，因此，扫雷破障、开辟通路就显得尤为重要，而防御战斗是依托阵地和有利地形抗击敌人进攻的战斗，其行动具有一定的被动性和某种程度的稳定性与相对的静态性，所以构筑工事、设置障碍、实施伪装等，就成了工程支援的重点。

二是不同的战斗样式决定不同的工程支援内容。如对野战阵地防御之敌进攻战斗和对坚固阵地防御之敌进攻战斗，由于敌方防御的样式和准备程度不同，因此进攻的战术手段有别，所需的工程支援内容也不完全一样；而野战阵地防御战斗和坚固阵地防御战斗，因为战斗准备时间不一，阵地坚固程度不同，所以工程支援的内容也必然各有侧重。

三是不同阶段的战术行动决定不同的工程支援内容。虽然进攻战斗的集结、开进、展开、突破、纵深攻击、抗反和穿插、迂回及防御战斗可以打击开进展开之敌、抗击敌方火力准备、制止敌方快速突进、歼击突入之敌和实施反冲击等，但由于各自的时机、性质、特点不同而需要不同的工程支援内容，而且不同方向、不同地域的战术行动对工程支援内容有着截然不同的需要。

总之，不同的战斗行动有着不同的类型、样式、时机、地域和相应的环境与条件，因此也就需要不同的工程支援内容，只有做到需求一致，才能有效支援联合（合同）作战的顺利进行。

（二）工程支援形式适应于联合（合同）战术兵团战斗编成

根据战斗编成，确定相应的工程支援形式，对于提高部队战斗力，有着极其重要的作用。工程支援形式，即工程支援的形态和结构。通常包括以下两个方面：一是工程支援力量的组织形式和使用形式；二是工程支援行动的方法和形式。前者是指工程支援主体因素的内在联系，决定着工程支援力量、装备器材的编配和工程支援任务的区分、措施的采用等；后者是其与支援对象之间相互联系的外在表现，决定着行动的时机、地域和方式等。工程支援形式决不是单纯由各级指挥员的主观意愿决定的，而是必须与总的战斗编成相适应。

战斗编成，是指遂行战斗任务的部队所属和加强的兵力、兵器按照一定形式组合而成的有机整体。因此，工程支援力量的组织也自然包含其中，是战斗编成整体系统的组成部分。这种包含与被包含的关系决定了其必须在该系统中与其他部分协调运转，才能发挥最佳的战斗功能。

首先，战斗编成决定工程支援力量的组织与使用。信息化联合作战，影响因素繁多，情况千变万化，因此战斗编成不可能有其固定的模式，而是根据不同需要在战前临时确定的，具有较强的针对性和灵活性。战斗的目的、样式、任务和部队的编制、装备不同，其战斗编成也就不同，从而决定了不同的工程支援力量组织和使用形式。例如，合成旅对预有准备防御之敌进攻战斗，为了增强连续攻击能力，可以编成两个攻击梯队，并建立合成预备队、穿插迂回分队、袭击分队等。此时工程支援力量的组织使用就相对分散，通常需要将较多的工程支援力量向下配属使用，实施有重点的分头支援。而对仓促防御之敌进攻战斗，为了抓住战机，速决全歼敌人，则通常编成一个梯队，同时建立合成预备队、先遣支队、穿插迂回分队或袭击分队等，此时的工程支援力量则相对集中，可以将大部分兵力统一编队，机动使用。

其次，战斗编成决定着工程支援的行动方式。工程支援的行动方式，即其与支援对象战斗行动的配合与协同的方法与形式。工程支援的行动方式是多种多样的，通常按照时间不同可分为预先工程支援和随机工程支援；按照与支援对象的行动关系可分为直接工程支援和间接工程支援；按照任务性质的不同可分为随伴工程支援和定点工程支援等。与上述工程支援编组同理，战斗编组越简单，工程支援行动方式就越简单；反之，则复杂多样。现阶段编制体制调整改革，部队的合成程度更为提高，作战行动的合成性与联合性更强，其战斗编成也必然会愈加复杂。因此，一方面要相应采取多种工程支援方式，另一方面要根据编成中各种不同功能部（分）队的战斗任务和行动特点采用不同的工程支援行动方式。只有这样，才能与不断变化的战斗编成相适应，满足合同战斗的需要。

（三）工程支援行动要符合战场情况和作战态势变化

工程支援行动，即为确保合成部队安全顺利地实施机动和夺取战斗胜利而进行的一系列具体的工程支援活动。就其基本属性而言，它是一种主观指导下的战斗实践，然而它与一切实践活动都必须做到主观和客观相符合，丝毫不能脱离战场上千变万化的客观实际。工程支援行动是否符合战场情况和作战态势变化，不仅决定着工程支援行动本身的价值和作用，而且影响着战斗的发展进程和最终的胜负。

战场是战斗活动的空间，是敌对双方在战术、技术、力量和勇气诸方面进行综合较量的场所，在这个空间内，一切行动随时都处于剧烈的变动之中。首先，战斗进程是随着时间的推进和空间的转换而不断发展的。不同的时间有着不同的敌情、我情和天候等变化，不同的空间有着敌对双方不同的战斗部署、交战态势和不同的地形、地物、土质、植被与交通等条件。其次，战术用兵的多样性，加剧了战场情况变化的复杂性。现代条件下，由于军事技术装备性能的大幅度提高，使得军队的机动力、突击力和打击能力空前增强，战法灵活，手段多样，不仅使战斗的节奏大大加快，而且往往使战场情况变幻莫测。机动与反机动、突击与反突击、包围与反包围、空降与反空降、伏击与反伏击等斗争形式频繁出现、交叉进行。这种战场情况的多变性，要求工程支援行动的具体内容、方式和节奏等只有与战场情况变化同步，才能及时有效推进战局向着有利于我军的方向发展。

然而，正确的工程支援行动依赖于对战场情况变化的高度适应性，这种适应性又是指挥员、指挥机关乃至遂行工程支援任务的工程兵分队对客观情况正确的认识和快速反应的结果。诚然，工程支援行动在这方面，一要依赖对战场情况变化的充分预见性，随时对敌、我行动和环境条件的可能变化做出正确的估计；二要依赖对战场各方面情况的及时掌握和全面了解，通过多种手段加强战场侦察和确保信息及时反馈；三要依赖遂行工程支援任务的工程兵分队的应变能力，这就必须预先做好多手准备。然而，一般情况下，工程支援行动对于战场变化而言，前者总是被动和迟后的，因此是矛盾的主要方面，从这个意义上讲，前者依赖后者并受其支配和制约。但矛盾双方总是互相作用、互相影响，并且在一定条件下其主次地位是可以互相转化的，在注重战场情况变化对工程支援行动制约作用的同时，还必须注重工程支援行动对战场情况的反作用。任何一项工程支援行动的实施，都会给战场情况带来一定的变化。因此根据战场变化规律，适时采取适当的工程支援行动，对于促使战场情况向有利的方面转化以及之后的工程支援，也是十分重要的。

（四）工程支援指挥控制依赖情报信息支撑

工程支援的指挥控制是有效展开工程支援行动的重要

前提，情报信息又是工程支援指挥控制的基础支撑。没有对情报信息的必要掌握和了解，工程支援的指挥控制就无从谈起。

首先，工程支援指挥控制依赖情报信息的准确性。因为指挥控制具有主观指导的属性，其作用对象是工程支援的实践活动。要使决策符合客观实际，就必须使之建立在敌情、我情、天候、地理和上级指令等有关的情报信息之上。因而，情报信息的准确性、可靠性对指挥控制的正确性和可行性起着至关重要的作用。这就要求，一要确保信息来源的可信性，二要提高情报本身的真实性，三要讲求对其分析判断的科学性。只有情报信息准确无误地反映客观实际，才能使据之做出的决策经得住工程支援实践的检验。由此可见，广泛采用各种侦察措施获取工程支援指挥控制所需的情报信息并使之具有高度的客观参考价值，是合成部队指挥员和指挥机关以及工程兵分队指挥员正确决策和组织实施工程支援的首要条件。

其次，工程支援指挥控制还依赖情报信息的时效性。因为，在信息化联合作战条件下，战场情况是瞬息万变的，不仅敌方情况会变，而且己方情况也会变，不仅有形的因素在变，而且无形的因素同样在变。因此，只有使情报信息的获取与战场变化保持同步，并源源不断地提供给指挥员，才能使其具有真正的实用价值，并确保工程支援指挥控制的客观及时性。任何迟到的情报信息不仅其本身是毫无意义的，而且会导致决策的失误，甚至给工程支援行动和整个战斗造成不可弥补的损失。所以，情报信息的时效性是工程支援指挥控制有效性的重要保证。从这个意义上讲，战场侦察的不间断进行和情报信息的适时获取，就不仅是工程支援指挥控制的基础和前提，而且是指挥控制活动中的关键环节和内容。

再次，工程支援指挥控制又依赖情报信息范围上的全面性和数量上的足够性。因为信息化联合作战参战部队的增多和战场空间的不断扩大，使得工程支援范围也越来越大，影响其实施的因素越来越多。因此，只有立足于战斗全局，获得大量的情报信息，才能在全面掌握情况的基础上，对其进行纵横比较、筛选分类、归纳综合和去粗取精、去伪存真的分析判断，从而做出符合客观实际的正确的工程支援决策。如果只了解局部的或部分的战场情况，则不是给实施指挥控制造成困难，就是使工程支援的指挥控制带有片面性，不可能符合战斗全局的实际。因此，情报信息范围上的全面性和数量上的足够性也是十分重要的。

最后，需要指出的是，在重视情报信息对工程支援指挥控制决定作用的同时，还必须看到指挥控制对于情报信息的反作用，两者也是相互影响、相互制约的。一方面，工程支援决策必须随着情报信息的变化而变化；另一方面，每一决策的付诸实施都会对情报信息的内容、范围及质量提出新的要求。这就要求必须十分重视掌握工程支援决策应用于实践后的反馈信息，并不断据以修改和重新做出决策。由此可见，实施侦察、获取情报信息和进行指挥控制是密不可分的，它们既是工程支援系统中一个完整的组成部分，又是一个周而复始，循环运转的独立系统。只有充分认识它们的相互关系，才能在工程支援中赋予其应有的地位，发挥其应有的作用。

（五）工程支援成效依靠于整体功能发挥

工程支援的成效如何，关键在于其系统整体功能的发挥。揭示工程支援成效与整体功能之间的关系，对于指导工程支援活动和确保工程支援任务的完成有着极为重要的意义。系统论原理认为，成效是系统达到的目标效果，整体功能是系统内各要素通过有序的相互作用而形成的总体效能。成效与整体功能是系统的两个方面，整体功能发挥的程度不同，就会产生不同的效果。而通过效果的反作用又对诸要素的行动提出新的要求，促使整体功能的更好发挥。工程支援成效依靠整体功能的发挥规律，正是这一系统论原理在工程支援上的具体反映。

整体性是系统原理的核心，工程支援系统是由诸多要素构成的多结构、多层次的系统整体。多要素，是指工程支援对象、工程支援力量、工程支援行动时间、工程支援活动空间和工程支援内容及手段等多种因素并存；多结构，是指工程支援是由工程兵的各种专业技术、各项不同的工程支援行动构成的；多层次是指从工程支援的组织指挥到具体实施，都自上而下地贯穿各级的战斗行动中。因此，只有实现其诸要素的最佳层次结构，才能有效发挥其整体功能。

首先，在结构上要使被支援各兵种专业部（分）队和各项工程支援行动按照时间、空间相互协调，对各类工程支援内容和手段根据支援对象需要，合理确定并使之密切结合。其次，在层次上要根据战斗编成和工程支援力量的大小，实现其科学性。层次过多，在组织指挥上就会增加不必要的程序，造成指令下达和信息反馈的烦琐，导致贻误战机，影响工程支援的及时性；在工程支援行动实施上，势必会分散力量，难以使主要方向和重点任务得到有效的工程支援。层次过少，就会形成工程支援断层，不但不利于全面工程支援任务的完成，还可能会因某一环节的工程支援行动不利而影响战斗全局。由此可见，要使工程支援功能得到充分发挥，就必须从系统整体观念出发，认真分析研究各要素之间、各结构层次之间、系统整体与各子系统之间、工程支援系统与外部环境之间的相互联系，并在此基础上，使之实现最佳的排列组合，才能使工程支援系统的整体功能大于诸要素或各子系统功能之和，减少"内耗"，获得最佳的成效。

整体功能发挥得如何，其重要标志就是是否达到了预期的工程支援效果。从这一点上来说，工程支援效果又是衡量整体功能发挥的标准和尺度。效果好，说明整体功能发挥得好；反之，则说明工程支援诸要素的层次结构还不合理，整体功能尚未充分发挥出来。此时应适当调整工程支援系统内部诸要素和各子系统的层次结构及其运动形式，以适应工程支援活动的需要。

二、工程支援主要特点

基于网络信息体系的联合作战，力量构成多元一体，作战空间急剧扩大，战场环境高度透明，作战形式转换频繁，工程支援呈现出支援范围宽广、支援对象多元、支援内容复杂等特征。在对工程支援做进一步探讨的同时，还必须从认识它的本质特点入手，准确把握它的基本特征，只有这样，才能奠定工程支援理论研究与实践发展的深厚根基。

（一）工程支援全域全程协同化

传统战争形态下作战行动主要围绕陆战场展开，但未来作战空间将不仅仅局限于大陆、本土，甚至可能延伸到远洋岛礁、空中以及其他地域。在信息技术的强力支撑下，作战空间甚至将进一步由陆、海、空战场向太空、电磁等多维战场空间展开。从当前的发展态势来看，即使目标、规模有限的局部战争，其军事部署和作战行动涉及的相关空间也已大大超出直接交战地区，沿多个空间延展到更广泛的领域。大空间、高立体、全方位的信息化战场空间更远远扩大了敌对双方交战的范围，而要达成作战目的就离不开工程支援在全程、全域、全时给予的强有力的支撑。可以说，在作战行动延伸的各维作战空域内，工程支援力量都必须与作战力量保持密切协同一致，以多样化的工程技术和手段遂行多区域、多类别、多维化的工程支援行动，支援作战行动的顺利进行，直至夺取最终的胜利。

（二）工程支援任务性质战斗化

信息化战争中，战场态势和作战进程随着战场情况的急剧变化而不断转变，工程支援方式必须适应随时变化的战场态势，以强有力的工程支援行动保证精确战斗的顺利实施。机动工程支援主要包括采取措施确保机动，支援作战部队战场开进展开与冲击突破，如构筑与抢修道路设施，支援部队地面开进，支援部队克服小型河流、沟渠及弹坑，在敌防御前沿突击破障开辟通路支援攻坚部队冲击，排除作战区域和道路中的地雷与未爆弹药，支援部队机动安全，对敌阵地坚固工事实施攻坚爆破支援部队集中突破等。反机动的工程支援主要是通过设置或修建障碍物来迟滞、破坏敌人的机动，从而有效迟滞敌方的机动速度，扰乱敌方作战节奏。此外，敌对双方激烈的体系对抗，也需要工程支援力量通过构筑加固工事、提高综合抗击能力和实施高质量的工程伪装，来提高己方部队的生存能力。未来，工程防护将由单纯依靠筑城工事抗力防护向伪装、欺骗、障碍、拦截、干扰、机动、重复设置、结构抗力等多种方式、多种要素融合防护方向发展，以构建信息、火力、防护、机动综合一体的主动防护体系。

（三）工程支援行动实施一体化

未来作战联合性、整体性、体系性空前增强，各种作战力量通过信息网络紧密相连，能够进行"自适应"协同作战，即在发现目标并确定攻击目标之后，各作战力量能够实现"最佳效益"，自主地决定用什么力量、以什么方式去遂行攻击任务，从而确保作战效能得到最大限度的发挥，避免作战力量拼消耗、拼战损、联系松散、相互隔离、各自为战的不利局面。各作战单元作战行动的高度融合必然要求工程支援行动与合同作战行动一体化，工程支援也只有与其他作战要素密切协同、融为一体才能达成作战目的。在作战部队与敌交战的地域内，从战场机动与集结开始一直贯穿到战斗转换时节或作战结束。在这一时空范围内，为实现作战企图，工程支援力量必须和所隶属或配属的作战部队中其他作战力量形成体系合力与敌对抗，工程支援行动只有与作战行动密切协调并在全程、全域、全维提供支援，才能真正发挥工程支援的整体效益。

（四）工程支援要素趋向信息化

未来信息化联合作战在战场任何物理空间任一时间节

点上，工程支援各要素在物质层面上的存在方式和运动状态，都必须以信息的面貌反映在电子信息系统层面上，才能与其他作战要素基于信息系统形成体系合力，从而与敌对抗并获取胜利。相比较工程对抗和工程保障，工程支援由于其与其他作战力量的密切配合程度要求最高，因此其要素信息化需求更为迫切。此外，为了夺取和控制信息权，工程支援行动必须紧紧围绕获取和保持信息优势展开和实施，工程支援力量要建立完善的战场工程支援信息网络系统，加强对战场工程支援信息的获取、控制和使用，同时还要以强有力的信息化工程支援能力支持合成部队与敌开展信息对抗，争夺战场信息控制权。

（五）工程支援指挥更加高效

一体化联合作战行动必然要求工程支援行动更加快捷，工程支援的方式、方法更加灵活，工程支援指挥更加高效。一方面，战场的高度信息化为实时发现目标、实时决策、实时指挥、实时机动、实时打击、实时评估毁伤提供了条件，并大大加快了联合作战的节奏和进程，工程支援时机转瞬即逝，工程支援指挥必须及时高效；另一方面，工程支援力量在合成部队统一编成内遂行作战工程支援任务，一切作战行动都要以合同作战行动的需要为根本出发点，更必然要受到合成部队作战行动的制约，其作战指挥决策存在滞后性。但是，合同作战行动在很大程度上又必须依赖于工程支援行动，需要工程支援力量早于其他作战单元展开作战行动，这就必然造成工程支援指挥时间缩短。工程支援指挥必须提高时效性，要做到"后知先觉"，指挥员就要能够及时获取、传递和处理各种战场工程支援信息，进而迅速做出判断和处置，调控工程支援力量迅速做出反应，确保工程支援指挥控制灵敏、实时和高效。

（六）工程支援目标要求精确化

信息化战场透明度高，隐蔽战斗企图十分困难。战场一体化的侦察定位与远程精确火力打击，使作战节点和重点目标面临全方位的攻击。在这种复合式精确探测和远程打击面前，敌我双方作战关节、枢纽和重点目标隐蔽防护生存更加不易，工程支援保关节、保枢纽、保重点的任务更为艰巨，对抗更为激烈。必须以"量少质精"为前提，运用综合性的工程防护措施与积极的工程支援措施，采取精确化、实时化的支援方式方法，确保重要目标和作战行动的安全。工程支援要实时地获取工程支援信息，以最少的保障力量、最短的机动路线、最快的保障速率，达成最佳的保障效果；以精确化的工程支援行动，确保联合作战各个行动顺利进行。

（七）工程支援力量编组模块化

信息化战争作战时间短暂急促，行动空间精确多维，工程支援行动任务繁重、转换频繁，这就必然要求工程支援力量在编组上适应作战需求，采取模块化编组形式实施工程支援行动。模块化编组就是将工程支援各专业分队按专业要素进行优化集成，形成各个不同特质的支援模块，根据战场变化和需要实施支援。从我军此次编制体制调整可以看出，以陆军合成旅作战支援营工兵连为例，其编制中包含工程侦察模块、道路模块、桥梁模块、布雷模块、扫雷模块、爆破模块、伪装模块、工程作业模块等。那么，在遂行工程支援任务时，按照支援任务的性质、规模、难度、紧急程度的不同，灵活机动地将各个模块进行整合，从而最大限度地发挥各个模块的整体作战效能；同时，根据作战需要，工程专业支援模块还可以与其他军兵种模块进行组合，全程体现联合作战模式。在完成当前任务后，各模块根据下一项任务的需求重新整合，从而不断地发挥各模块的战场使用效能。

第三章 工程支援指导思想与基本原则

作战工程支援理论源于传统的作战工程保障理论，但又是对传统作战工程保障理论的创新与扬弃。在确立了工程支援的概念内涵、基本特征和地位作用后，必须及时明确作战工程支援的指导思想和基本原则，才可以使工程支援理论更好地指导工程兵作战实践，这是构建作战工程支援理论体系的重要组成部分。构建作战工程支援思想和原则，要基于工程支援的任务特点和行动要求，既要体现时代特征，又要结合部队实际，使之具有可操作性，更好地服务于工程兵作战实践。

一、工程支援的指导思想

信息化联合作战，进行工程兵作战理论创新，首要的是新旧作战指导思想的撞击和交锋，将工程保障理论发展为工程作战理论也是思想上的解放。工程支援理论作为工程作战理论的重要组成部分，要想真正为新理论体系提供坚强支撑，就需要创新和发展工程支援的指导思想，进而推动和促进工程兵作战支援效能的发挥。为此，工程兵应根据新时代军事战略方针，从未来工程支援面临的战场环境、作战对手特点和工程兵自身发展等条件出发,确立"全域一体、精确支援"的基本指导思想。

(一) 核心内涵

"全域一体",是指信息化联合作战中,合成部队工程兵分队以作战信息为基础,依托有形空间和无形空间综合而成的全域多维战场环境,通过多种支援力量、多个单位、多种行动的整体协调与配合,多种支援手段的综合运用,实现指挥员与各个工程支援单元之间、支援分队与被支援部(分)队之间、各个工程支援平台之间、多维战场空间的全域作战行动之间的有机结合,联成一个紧密的整体,从而更好地达成工程兵作战支援能力的集中释能,提高基于网络信息体系的联合作战能力。

"精确支援",是指在全域多维作战空间、多种工程支援力量、多个工程支援平台、多种工程支援手段与合成部队多种战斗行动联成有机整体,实现对工程支援时空、工程支援目标、工程支援力量、工程支援规模、工程支援方式、工程支援过程有效控制的基础上,充分利用工程兵各种工程支援手段,精准确定工程支援目标,精准投放工程支援力量,精准实施工程支援行动,精准进行工程支援效果评估,从而以最小的风险、最小的代价和最高的效费比,破坏敌方作战体系,削弱敌方整体战斗能力,最终夺取基于网络信息体系联合作战的胜利。

(二) 内在特征

"全域一体、精确支援"作战指导思想,是信息化战争形态不断发展过程中对工程支援领域作战原则的高度概括,具有其独特的内在特征。一是工程支援空间的全域多维性。

由以往的传统战场空间上升为陆、海、空、天、电、网等多维领域，并涉及每维战场空间的各个领域。二是工程支援力量的整合性。由以往通过具体兵力兵器的搭配与组合而进行的"无机合成"，转变为通过多种不同工程支援力量之间，以及工程支援力量与被支援力量之间作战效能的瞬间凝合而进行的"有机整合"，整个行动将是体系与体系、系统与系统的联动。三是工程支援方式的非线性。由以工程保障行动的跟进平推式转变为工程支援行动与合同作战行动的同步非线式，并且工程支援行动节奏显著加快，在战斗全程工程支援的基础上，具体工程支援行动时效性大为增强。四是工程支援力量运用的灵敏性。由以往工程兵力量运用的粗放概略应用转变为工程支援小分队的精确作战行动。五是工程支援行动的可控性。由以往对工程兵进行工程保障时空、工程保障目标、工程保障力量、工程保障规模、工程保障方式、工程保障过程的难以控制转变为对工程支援行动诸元的精确有效控制。六是战斗力释能的精确性。由以往规模效应的战斗力释能转变为质量效应的工程支援能力释能，具有精确的工程支援侦察、指挥控制、周密协同、组织实施能力。七是工程支援信息优势的主导性。由以往工程保障有形物质力量的主导性转变为工程支援信息优势的主导性。

  对于合成部队属工程兵分队工程支援"全域一体、精确支援"的作战指导思想而言，由于现阶段工程装备器材战术技术性能的制约，只能够在其能力范围内体现这一思想的一个方面或几个方面，但是随着我军工程兵装备器材的不断升级换代，其技术性能将不断提高完善，这一指导思想也将更好体现于未来作战行动之中。目前，我军编制体制调整改革正在深入推进，使工程支援力量更好融入合成作战力量体系之中，特别是随着我军信息化水平的不断提高，使我军工程兵具备了践行这一指导思想的外部大环境，工程兵自身装备性能的提升和信息化改造，也为实践这一基本指导思想提供了相应的物质基础，因此将"全域一体、精确支援"作为信息化联合作战中合成部队属工程支援力量的基本作战指导思想是较客观的，具有较强的适用性，并且具有一定的超前性。

（三）基本遵循

未来基于网络信息体系联合作战中，工程支援力量要落实"全域一体、精确支援"作战指导思想，还必须遵循这一作战指导所包含的"信息制胜、系统整合、精准实施、技谋并重"等关键思想。

1. 信息制胜

未来信息化战场上，工程支援行动对信息的依赖和需求将超过对物质与能量的依赖和需求，信息对工程支援的组织实施和进程效果将产生前所未有的影响，整个工程支援行动将围绕夺取各保持信息优势而展开。"信息优势"是指通过实施信息攻防作战，谋求有效阻止敌方获取信息的同时，保证己方有效获取和利用信息的能力。拥有"信息优势"是信息化战场克敌制胜的主导因素。拥有信息优势一方可随时获取、利用大量信息，从而使指挥员能准确地判断战场情况，快速、周密地筹划战斗过程，使战斗行动能协调一致，使各种武器系统的战斗效能得以更好的发挥，使工程支援力量遂行工程支援任务更加精确。因此，在信息化战场上，遂行工程支援任务的工程兵分队必须首先确立"信息制胜"的思想，通过夺取和利用"信息优势"，最大限度地保持工程支援行动的主动权。可以说，"信息制胜"思想是信息化战场上工程支援力量遂行作战任务必须遵循作战指导思想的核心内容。

2. 系统整合

未来信息化战场，战斗空间广阔，力量构成多元，战术手段多样，战斗行动复杂，指挥控制困难，敌我双方整个对抗过程将是体系与体系的对抗，系统与系统的较量。为此，在未来信息化战场上，遂行工程支援任务的工程兵必须运用"系统整合"思想，通过数字化信息网络系统，将各个工程支援单元、各个工程支援平台乃至单兵与合成部队一起组成一体化的战斗大系统，用信息这条纽带，把分散于战场各个领域的各种工程支援分系统的有形和无形工程支援能力联为一体、形成合力，提高工程支援的整体效能，谋求以形散而神聚的方式，在决定性的时间和地点释放工程支援力量的综合效能，实现以最小的代价达成最佳的工程支援效果，推进作战进程向着有利于我方的方向发展。

3. 精准实施

在未来信息化战场上，武器装备机动速度之快、作用距离之远、打击精度之高、破坏威力之大是传统战场所无法比拟的，这无疑将导致工程兵遂行工程支援任务方式的深刻变化，特别是一种全新的作战指导思想——精确支援成为各方的共识。精确支援，是在新的工程支援手段发展和战场透明度提高的共同作用下，精心选择实施工程支援地点、工程支援的时机，集中运用先进工程技术手段，及合成作战力量精准协调与配合，对合成部队实施精准支援，保证我方作战力量快速聚优发力，打敌节点，瘫敌体系，打乱敌战斗行动节奏，加速推动战斗全局的胜利。

4. 技谋并重

信息化武器装备广泛运用，不仅使武器装备的战斗效能得到空前提高，而且为谋略的广泛运用提供了广阔的用武之地和新的物质手段。尽管以信息技术为核心的高新技术给战斗带来的巨大效益是不容置疑的，但这种效益是建立在人的主观能动性的基础之上的，包括工程支援在内的任何作战行动都不能离开人的主观能动性作用的发挥。战场环境的复杂性、武器装备的高技术性、工程支援样式的多样性，反而使人的作用更加突出了。因此，信息化战场上的工程支援行动，不仅是兵力和兵器的竞赛，更是意志和谋略的较量。只有将客观技术物质条件与人的主观能动性紧密结合起来，使高技术工程装备器材与施计用谋融为一体，给工程的技术运用插上谋略的翅膀，为谋略植入科技的基因，实现技术与谋略的完美结合，做到因技用谋、以谋辅技，才能保证顺利达成作战工程支援目的。

二、工程支援的基本原则

工程支援基本原则，是指一切工程支援行动都应严格遵循的、带有普遍性、全局性、根本性的原则。它揭示工程支援的基本规律，是工程支援本质的具体体现，是实施工程支援的基本依据和准则，是实现工程支援目的、要求、任务和作用的重要保证。

在网络信息体系联合作战中，工程支援基本原则应包括哪些内容，目前尚处于广泛研究和深入探讨阶段。一切事物都是发展的，工程支援的基本原则也不是永恒不变的，随着武器装备、战术手段、工程器材等客观条件的变化，工程支援的基本原则也必然不断地发生变化。现阶段我们从研究探讨问题的角度出发，根据我军工程支援能力的客观实际，综合全军对这一问题的研究成果，认为有如下原则应当遵循。

（一）全面统筹，重点支援

全面统筹，重点支援，是"集中兵力"这一作战原则在工程支援上的具体体现，是运用工程支援力量、装备和器材，组织实施工程支援必须遵循的重要原则之一。

一方面，对工程支援要实行全面统筹，明确联合作战对组织实施工程支援提出的基本要求。工程支援的计划组织者，只有树立明确的联合作战思想和全局观念，从联合作战的全局需要出发，对工程支援进行全面分析、系统筹划，才能最终取得工程支援的最佳效益。全面统筹，要从联合作战的全局出发，确定工程支援的整体布局，特别是要正确地确定工程支援的重点，统一部署工程支援任务与工程支援力量，科学安排工程支援作业的顺序、完成时限和作业要求，工程器材的筹划、分配和供应，以及工程装备的技术保障等。

另一方面，要切实突出重点进行工程支援。基于网络信息体系的联合作战，已没有一种作战样式不需要工程支援，这就使得工程支援任务艰巨与工程支援力量不足的矛盾十分突出。在此情况下，强调集中工程支援力量进行重点支援的原则，对于确保作战取得战胜利具有重要的意义。战争发展的历史经验和现代局部战争的实践都充分证明，集中工程支援力量进行重点支援的原则，对组织实施工程支援具有普遍的指导意义。要实现重点支援，一是明确重点。要在深刻领会上级和本级作战意图的基础上，因时、因地、因合同作战的类型和样式确定不同的工程支援重点。在一般条件下，就工程支援的对象来讲，重点是对主要方向上部队的作战行动实施工程支援。二是集中力量。要坚定地把主要工程支援力量和装备器材，集中使用在最重要、最紧迫、最艰巨，对作战全局至关重要的工程支援任务上，以形成整体工程支援能力。绝不能把工程支援力量平均分配，零打碎敲，层层向下加强，分散使用。三是适时转换重点。在瞬息万变的信息化战场上，必须根据作战进程，抓住决定性的时机、决定性的支援任务，快速、隐蔽地调动工程支援力量、装备器材，转移工程支援的重点。

同时，信息化联合作战中的全面统筹，重点支援与以往相比，特别是针对如何突出重点，出现了许多新情况：一是由于敌人广泛采用高技术侦察器材和科学的情报收集、分析、处理手段，使隐蔽集中工程支援力量的难度增大；二是由于合成部队的机动力和突击力大大提高，战场情况变化更加急剧，对集中工程支援力量的时效性要求越来越高；三是由于高精度大威力兵器的运用，对集中工程支援力量的威胁增大。针对上述新特点、新情况，必须改变传统的集中工程支援力量观念，既要集中使用工程支援力量，更要强调集中的合理性、科学性和适时性。一是数量集中与质量集中并重。信息化联合作战中集中工程支援力量，不仅要看集中人力数量的多少，而且要看装备器材的数量，更要看工程支援力量的素质和装备器材的质量，以谋求整体工程支援能力能够充分满足要求。二是空间与时间上的集中并存。在信息化联合作战中，将工程支援力量集中于一个狭小的空间，势必增加伤亡。因此，必须强调在分散状态下时间上的集中，即在同一时间内，迅速集中工程支援力量使用于同一方向、地点。三是动态集中和静态集中并用。现代作战中，静态集中工程支援力量容易暴露作战意图，也不利于生存。因此，应把预先的集结和配置与临时机动集中结合起来，将静态集中与动态集中并用。四是在集中力量的时机上要适当。应力求在工程支援的关键时节，在敌人意想不到的时间和地点，迅速地集中工程支援力量，在时机上做到不迟不早，恰到火候，达成突然性。同时还要正确处理集中与分散的关系，既要适时集中，又要及时分散，以最大限度地减少损失。

（二）发挥特长，合理用兵

根据专业特长，合理使用力量，是指对各种工程支援专业力量，要根据其专业特长，正确赋予任务，合理使用。当前我军工程支援专业力量主要是扫雷破障力量、筑城伪装力量、机动支援力量和障碍设置力量等。它们均是合成部队的组成部分，各自担负特定的工程支援任务。它们是不同专业的技术骨干力量，均具有专门的技术装备，经过专门的技术训练。合成部队指挥员和工程兵分队指挥员应根据不同专业的专业性质赋予它们任务。

信息化联合作战，由于专业工程支援任务的广泛性和技术的复杂性，使工程支援内部的专业分工更加明确，各专业工程支援力量能承担相应的专业工程支援任务，如工程支援力量分为道路、桥梁、筑城、地雷爆破、伪装等专业分队。各工程支援专业分队内部不同的岗位与平台，又有不同的专门装备和特殊技能，具有不同的遂行工程支援任务的能力和特点。如地雷爆破专业分队主要装备成套的布雷、扫雷器材和工程爆破器材，用于布设爆炸性障碍物，开辟通路，实施破坏作业和开展地雷战。桥梁分队主要装备各类桥梁装备器材，用于克服沟壕障碍，确保部队快速机动。

由于各工程支援分队的内部均进行了专业化编组，各专业化编组分队的装备专业性强，技术性能各不相同，受过不同的专业技术和战术训练，具有不同的工程支援能力。因此，合成部队指挥员只有熟悉工程支援力量内部各专业分队的技术专长、装备特点和担负的具体任务，根据各专业分队的特长及作战任务的需要，正确赋予任务，合理使用，才能充分发挥其专业特长和装备器材的最大效能，快速而顺利地完成不同的专业工程任务。

（三）主动配合，密切协同

主动配合，密切协同，是工程支援的重要原则，是指在工程支援中充分发挥主观能动性，积极夺取并保持工程支援主动权，以支援合同作战行动力争置敌于被动态势。工程支援任务遍及战场上的各个领域、作战的各个阶段、参战各个军兵种的行动。密切工程支援力量与其他军兵种的协同动作，就在于工程支援力量遂行工程支援任务时，既要充分发挥工程支援力量的技术骨干作用，又要充分发挥各军兵种自身能力，形成整体，并且使工程支援力量与合成作战力量紧紧围绕合同作战总的作战企图，从而协调一致地行动。主动配合表现在两个方面：其一，各专业工程支援分队要主动配合被支援的合成部队的作战行动，以被支援的合成部队的作战行动作为自己行动的主要依据；其二，工程支援各专业分队之间，也要主动配合，积极支援，协调一致地行动。

主动配合，密切协同，要围绕对合同作战胜利起决定性影响的部队行动和作战方向、作战环节，充分发挥工程支援在时间、空间、力量和手段四要素上的综合作用，并注重把握以下几点。

一是要在统一的作战计划指导下组织实施。在组织工程支援兵种与其他军兵种协同动作时，首先要使其了解统一的作战企图、作战决心、总的任务和其他有关情况，以便全局在胸，主动配合，密切协同。在拟制战役战斗计划和组织协调同时，应明确各个作战阶段工程支援分队的任务，在作战部署中的位置，执行任务的方法，以及与其他军兵种的关系。另外，还要明确各军兵种为工程支援分队遂行工程支援任务提供支援、掩护和必要勤务保障。

二是要树立全局思想。工程支援部（分）队指挥员乃至每一个工程兵战士，都应当树立全局协调观念。工程支援力量各个作战编组都要把自己看作联合作战全局中的一个重要组成部分，明确自己在作战全局中的地位和作用，即使对自己的局部不利而对全局有利，也应服从全局，树立为实现全局最佳效能服务的思想和奉献精神，使之产生最大的凝聚作用和整体效应。

三是要全面组织，突出重点。未来作战是基于网络信息体系的联合作战，战场范围大，作战方向多，要想使所有的工程支援行动都做到协调一致，困难是很多的。因此，必须从全局出发，紧紧围绕对作战有重大影响的关键行动，有重点地组织协同。

四是预先协同和临时协同相结合。即在搞好战前预先协同的基础上，善于根据瞬息万变的战场情况，及时分析并做出判断，快速反应，灵活地实施临时协同，及时变换工程支援目标和行动方法，以适应战场情况变化的客观需要。

（四）充分准备，快速反应

信息化联合作战条件下的工程支援比以往的工程兵遂行战斗工程支援任务要复杂得多。现代基于网络信息系统的联合作战的工程支援任务繁重，空间广阔，参加的诸军兵种力量多元，影响工程支援成败的因素复杂，哪一方面考虑不周都不行。所以，工程支援要进行周密充分的准备，要有多种方案以应对各种复杂情况。一般来说，工程支援计划应有 2~3 个方案，既要有一个基本方案，还要有 1~2 个备用方案。而方案太多又会使计划和组织实施变得复杂和困难。因此，工程支援要从最复杂、最困难的情况出发，预测多种情况，及时了解上级意图，通盘考虑本级作战和工程支援各方面因素的关系和情况，制定出多种方案，以便在战场情况发生变化时处于主动地位。

运用工程支援兵力要做到迅速行动，快速反应。信息化联合作战节奏加快，对作战行动的时效性要求大为提高，进行工程支援行动也必须符合信息化联合作战快节奏的时代要求，做到快速准备、快速机动、快速行动，确保与联合作战行动一体同步。同时，要根据作战的进程和对工程支援提出特殊要求，以快速灵活地行动，调整部署，将机动工程支援兵力和器材送至对作战全局有决定意义和重大影响、最急需的方向和目标上，形成坚强的工程支援力量和提高时效性，确保合同作战企图的实现。不仅重视对所掌握的工程支援预备力量要机动使用，而且对所有的工程支援兵力、器材都要适时机动使用。

特别是，为应对复杂多变的战场情况，在情况发生变化时可以快速反应，要合理掌握与运用工程支援预备力量。任何周密的工程支援计划在实施中也不可能一成不变。为适应瞬息万变的战场情况，应付随机出现的工程支援任务，需要适时增强主要方向上工程支援力量，及时替换遂行任务中遭受损失的工程支援兵种分队，必须掌握一定数量的工程支援兵力和装备器材，作为随机使用的预备力量，以增强持续的工程支援能力，始终保持工程支援的主动权。在确定工程支援预备力量时，应视工程支援的性质、规模、地形、敌情以及可能投入工程支援的兵力与器材等情况而定。基本要求是，具有较强的工程支援力量，能够应付意外情况。工程支援预备兵力和器材，应配置在便于隐蔽机动，能够适时使用在具有决定意义的时机与地区。预备力量一经使用，应立即重新建立。

（五）周密组织，科学保障

合成部队工程兵分队遂行工程支援任务必须以质量可靠，数量充足的工程装备器材为基础。陆军合成部队工程兵分队组织实施工程器材保障的主要内容包括：筹划、储备、供应各工程兵分队遂行工程支援任务所需要的工程器材；收集利用战场上缴获的工程器材；组织和指挥部队对工程器材的正确使用与管理；组织实施工程装备、车辆等正确使用、保养、修理、检查和管理；对损坏的工程装备组织抢修与后送；组织实施工程装备零配件的储备与供应等。

组织实施工程装备器材保障应掌握以下基本要求：平时储备与战时筹集相结合，后方供应与就地取材相结合；制式器材与就便器材相结合；以部队自筹为主，争取地方支援；保障重点，兼顾一般，并掌握必要数量的预备器材；加强管理，严格规章制度。为了各种工程装备保持良好的技术状态，充分发挥其工程作业的效能，必须坚持经常性的预防性维修，保持规定的工程装备完好率；按先急后缓、先易后难的顺序，优先安排修理执行主要任务和急需的工程装备；确保现场修理与后送修理相结合。

第四章 工程支援任务

工程支援任务，主要是指工程力量综合运用工程措施和工程手段为支援作战行动所要完成的职责和使命。具体的工程支援任务是根据作战样式、作战行动和作战目的，结合工程支援能力、战场环境条件和敌方所采取的行动来确定的，工程支援任务完成的好坏将直接影响作战进程和结局。

一、提供工程信息支援

信息化战争中，信息将成为制约战役（战斗）进行的重要因素之一，同时也是对指挥员和指挥机关定下战役（战斗）决心、拟订战役（战斗）计划影响最大的因素，而工程信息作为一体化联合作战战场信息的重要组成部分，对指挥员及时定下正确的作战决心具有重要意义。这个过程的主要环节是：收集信息、处理信息和传送信息。合成部队指挥员应当亲自或通过指挥部门收集各种工程支援信息，要根据轻重缓急收集定下工程支援决心或修订工程支援决心所必需的资料，并应明确指示机关有关业务部门，所需准备的信息范围和内容，规定收集信息的具体任务、来源、方法和报告的地点、方式和时间。

（一）紧密围绕作战工程支援任务，精准获取战场工程信息

工程信息的获取可以派出工程侦察力量，如合成旅工程侦察组或班、排装备相应的履带式（轮式）工程侦察车、道路探雷车及各种技术侦察器材。同时，可以通过一体化指挥平台情报侦察系统获取工程情报。主要是从太空侦察、空中侦察、水上侦察、地面侦察、计算机网络侦察、电子技术侦察等多样化侦察监视手段所获取的大量情报信息中，搜集有价值的工程情报。也可以通过战场上感应器、传感器直接捕获实时、精确的战场工程情报。通过各种情报侦察手段的相互配合，形成多维一体的情报侦察网，实现从太空到水下、从有形空间到无形领域全时域、全空域、全领域的立体侦察，全维精确实时地获取和利用各种工程情报信息。工程信息获取应紧密围绕完成作战工程支援任务而必需的信息内容展开。其主要有以下内容。

机动工程信息的侦察，包括原有道路、桥梁及渡口的可利用程度，构筑军用道路与直升机起降场的地形、架设军用桥梁及开设渡场的江河状况，敌障碍物的性质、配系及开辟通路的位置。

反敌机动工程信息的侦察，包括敌阵地体系、工事构筑状况，敌机动道路及沿线设施状况，我军实施设障区域的地形及破坏作业的目标等。

保障我军生存工程信息的侦察，包括原有工事可利用的程度，需构筑的工事特别是指挥所的位置，作战地区的伪装条件与给水情况等。

还有其他信息的侦察，包括有关的敌情、我情、地形、地质、水文、气象等对工程作业的影响，以及当地能够用于工程保障的机械、装备及就便材料等。

实现与合成旅等战役侦察信息共享，是提高旅属工兵分队作战能力必须解决的问题。目前，我军编制的合成旅工程侦察力量还较为薄弱，仅编制全站仪、激光测距仪、流速仪、坡度计等侦察装备器材，只能完成距离、坡度、流速等简单测量任务，在战时还需要借助联合作战侦察情报体系以对更大作战区域影响工程支援任务的战场环境、临机设置障碍物、敌情威胁等进行有效感知。

（二）高效处理战场工程信息，为准确判断战场情况提供支撑

从各个来源获取的工程信息内容庞杂，需要对其进一步处理。战场工程支援信息处理，就是将各个渠道收集来并经过研究得出结论的信息，提出报告、建议和归档。因此，从获得信息到提供使用需有一个处理过程，处理工程信息的主要内容有：归纳整理信息，情况的报告和通报，信息的分类和归档。战斗工程支援行动中对工程信息的处理可以依靠工程侦察分队或在信息保障部门指导下完成。

情况的报告和通报，是信息处理的一项重要工作。为使工程侦察信息不失时机地提供给合成部队指挥员和工程兵部（分）队使用，指挥机关应根据作战需要和信息性质，按照主次缓急，分别进行处理。除重要信息或时效性很紧急的信息要即时报告外，其余信息一般要经过整理后，报告上级，并根据首长指示通报下级和友邻。信息整理，一般可分为综合整理、分类整理或专题整理。如对指

挥员或作战会议上的报告，应进行综合整理，其内容应包括敌情、我情、地形、天候和各种工程支援作业的全面情况，必要时应附有详细的参考资料。分类整理或专题整理的信息要详细、确实，可按内容分类整理，也可按工作任务需要分类整理。按内容分类的信息，如敌情信息、地形信息、气象信息、交通信息、工程信息等。按工作任务需要分类的信息，如简报、详报、专题报告等。专题信息，一般是一种或一项具体信息内容，如以江河侦察信息为例，可以是某江河地段的江河资料，也可以是某渡场（渡口）的江河资料；对某种重要信息或某项具体侦察任务的报告，需要专门整理，如某桥梁或某雷场的侦察资料就属此类。

（三）无缝传递和实时共享工程信息，发挥工程信息支援价值

工程信息如果不能快速地传递回指挥机构供进一步的处理和研究，再准确、再真实的信息也是没有任何价值的。目前对工程信息的传递主要有以下手段。

一是人员通过信息简报功能传递工程信息。人员信息简报功能，是人员将发现的目标信息和变化的我情，以及环境信息通过其手持的信息采集设备输入系统，将简捷的情报数据格式数字化和规范化并进行传递。如障碍目标简报主要包括非爆炸性工程障碍、爆炸性工程障碍、核生化烟障碍等。位置简报是指各种分队位置的报告，通常由定位系统提供。实力简报是指各种分队的实力报告，包括人员情况、武器装备情况、弹药情况、油料情况、物资情况等。行动简报是指各种专业分队在执行作战和保障任务过

程中的各种报告，主要包括适于所有分队的通用报告和专业分队的报告。实时反馈工程情报信息有助于指挥员充分了解己方部队状态，为其制订工程行动计划奠定基础。

二是充分借助合成部队的地域通信网。工程兵分队可运用各种固定或移动入口设备，视情组织本级指挥所及工程侦察分队以直接入网或间接入网方式加入地域通信网，通过地域通信网传递相关工程信息。直接入网，即使用数字式无线电接力机直接经干线接点进入地域通信网。同时，工程侦察分队通过移动无线电中心进入地域通信网。如果工程侦察分队没有安装各移动用户设备，应配单工电台，通过单工无线电入网接入，进入地域通信网。间接入网，是当工程兵分队不能直接入网时，以地域通信网为依托，以既设的有线电支线、野战线路或无线电接力设备为信道，采用小容量程控用户交换设备，建立辐射式的工程兵局部通信网，通过接口设备，连接地域通信网。

三是建立工程侦察指挥通信网（专向）。为保障有效指挥控制工程侦察分队的行动，应当运用单边带电台或双边带电台，建立工程兵部（分）队工程侦察指挥通信网（专向）。当通信器材充足时，该网由旅基本指挥所、前进指挥所和各工程侦察分队组成。该网应为上级指挥机关备有越级指挥呼号，以便接收上级指挥控制信号或为上级实施越级控制创造条件。旅预备指挥所和后方指挥所视情以随机插入的方式进入该网。当通信器材不够充足时，旅基本指挥所可与工程侦察分队建立指挥专网。

四是建立工程侦察信息数据传输网（专向）。为保障工程信息快速传递，可以运用数字无线电接力设备或其他数字信道，建立侦察信息数据传输网（专向），专门用于传输工程侦察信息数据。当传输信道充足时，数据传输网由旅各类指挥所和工程侦察分队组成。当信道不够充足时，旅基本指挥所可与工程侦察分队建立数据传输专网。当传输信道为模拟信道时，应通过数模转换设备，确保侦察信息数据顺利传输。

二、支援合成部队战术机动

开进展开和冲击突破，是陆军战术兵团、部队达成有利态势、形成整体战斗能力和歼敌夺地的基本措施。适应未来陆军战术兵团、部队立体攻防作战的需要，采取各种工程支援行动为陆军战术兵团、部队取得战场行动的自由权提供支撑，是工程支援的重要任务，主要包括以下几个方面的内容。

（一）构筑与抢修道路设施，支援部队地面开进

构筑与抢修道路设施，是对部队作战方向上遭到破坏或者不能满足车辆、装备通行要求的各种机动工程目标，实施紧急恢复抢修和加强改善作业，并排除各种障碍和抢构临时机动设施的行动。构筑与抢修道路设施，是攻防作战行动的一项主要战斗支援任务，是部队夺取、掌握战场主动权的重要保证。其目的是有效利用战场原有道路设施，增强部队克服地形和人工障碍的能力，保障部队战场空、地机动和行动自由，较大程度地提高部队的机动作战能力。其主要有以下几个方面内容。

一是克服机动障碍物。即在部队机动作战行动的前进方向上，克服泥泞、沾染、染毒路段，排除道路上阻碍部

队机动的废墟堵塞物、工程构筑物、工程障碍物以及废弃的技术装备和车辆；在部队徒涉河流障碍的地段快速开设技术装备徒涉场；在部队跨越沟渠障碍的地段随机架设军用桥梁，保障兵力突击、火力打击部（分）队等，顺利实施战场机动、快速接敌和及时占领有利阵地。

二是抢修机动道路，构筑迂回路。对部队机动利用的原有道路，按照不同方向上部队战场机动的战术、技术要求，进行改善、加强作业，以满足各军兵种快速机动的需要；对遭到破坏、阻滞或者严重影响部队机动的路段，进行紧急抢修，迅速恢复道路的通行能力；当被破坏路段或者道路上的机动障碍物，难以修复和克服时，应当根据作战企图和急造军路相关战术、技术标准，选择、侦察、标示和构筑迂回路，保障部队迅速做好进攻准备。

（二）支援部队克服小型河流、沟渠及弹坑

部队在开进展开与冲击突破途中，各种天然小型河流、沟渠以及炸弹形成的炸坑比比皆是，严重制约部队行动，这就要求部队工兵力量具有快速支援部队快速克服此类障碍的能力。使用的力量应以合成部队合成营支援保障连工兵力量和作战支援营工兵连工程排和桥梁排为主实施。

一是保障超重、超大型武器平台快速克服江河障碍，特别是用于机动发射的战略、战役导弹系统，一旦需要工程兵支援其通过特殊地域的江河、湖泊时，工程支援力量就要具备相应的保障手段。如伊拉克战争中，美英联军夺占了 30 余座桥梁，运用 BR90 近距离支援桥、AVLB 冲击桥、RB 型带式舟桥、M3 自行舟桥等渡河桥梁装备，先后在科伊边境、乌姆盖斯尔、巴格达、迪亚拉等地架设了7座桥梁与浮桥，运用MGB中型桁架桥等装备在纳杰夫和巴格达附近抢修了3座桥梁，并构筑了多个渡场，较好地完成了伴随渡河支援任务。目前，我军的制式桥有轻便桥、轻型机械化桥、重型机械化桥、装配式公路钢桥和利用舟桥器材架设的各种浮桥。这些桥梁器材的机动性能和互换性能比较好，架设和撤收的作业速度快（一般架设时间为几十分钟至几小时），其中除装配式公路钢桥和特种舟桥器材用于定点保障外，其他几种制式桥都可用于伴随支援。除此之外，部队还可利用当地就便材料和预制构件，按作战要求，在上级指定的地点和规定的时限内，采取简单的结构形式和快速的作业方法架设的、以木质低水桥为主的临时性桥梁。它在攻防战斗支援中，既可用以替换制式桥，保障制式桥梁器材及时撤收伴随部队机动，又可在需要的地点临时架设，或用以代替被破坏的原有桥梁。

二是克服沟渠、弹坑。现代战争远距离武器威力大，往往一枚导弹可炸出3～10米深、直径5米左右的大坑，道路在如此强大的威力下遭受很严重的破坏，人员和机动车辆难以通过。同时部队在机动途中不可避免遇到各种宽度、深度不一的天然沟渠，这是部队车辆、装备短时间难以逾越的天然障碍。我军装备的坦克冲击桥，是在敌方火力威胁下，为支援坦克和装甲战斗车辆，在冲击过程中快速克服沟壕障碍而架设的。这种桥梁具有较大的承载能力和防护能力，能通过中型和重型坦克、装甲车辆，桥车上的驾驶舱室有防护装甲；车上有机械化架设与撤收的作业工具，能在几分钟内架成长20米左右的单跨钢桥。因此，工程支援分队可以通过架设坦克冲击桥或轻型门桥支援部队快速通过。

（三）敌防御前沿突击破障开辟通路，支援攻坚部队冲击

部队向敌前沿阵地冲击与突破的行动，是进攻作战的关键环节。工程支援分队应当根据上级的命令，于火力准备的直前或同时，在敌前沿前障碍物中秘密或者强行开辟通路（主要是坦克通路），并派出通路勤务和警戒，适时引导步兵、坦克迅速通过通路，支援前沿攻击部队（分队）顺利冲击。对于开辟通路的类型主要有两种。

一是陆上要点攻击破障开辟通路。在对敌陆上重要防守目标（地区）实施主要攻击突破的地段，依据敌情侦察信息和进攻战斗协同计划，在敌构设的防坦克障碍场（区）内，预先排除地雷或从行进间展开兵力装备，强行破除防坦克地雷、筑城障碍物，架设冲击桥克服防坦克沟渠障碍，打开并标示通路。当敌封闭通路或者通路被击毁装备堵塞时，采取各种手段予以排除或者扩大和重新打开通路。

二是水际滩头直前破障开辟水际岸滩通路。水际滩头直前破障，是登岛作战中，陆、海、空军有关力量，在直接火力准备的同时，联合破除敌方浅海和水际滩头障碍物的行动。能否"破得开"直接决定登岛作战力量能否"登得上"。直前破障是登岛作战突击上陆阶段重要作战行动，是登岛作战的重点和难点。开辟通路的力量目前已经由原来集团军编制下的工兵团地爆连、破障连力量，下沉到合成部队作战支援营破障排，新编制使破障力量更加精干、合成，也便于合成部队使用。

（四）排除作战区域和道路中的地雷与未爆弹药，支援部队机动安全

地雷作为一种爆炸性武器，在现代战场上被大规模地投入使用后，不仅对人员和技术兵器造成严重的杀伤、破坏作用，而且具有极大的精神威慑作用。因此，迅速、有效地克服地雷障碍物，对保障己方机动、夺取作战胜利起着重要的作用。为确保我军在作战地域内的行动自由，或支援我军的下一步战斗行动，应在我军消灭当面之敌，或与敌已脱离直接接触时立即展开。首先扫除道路和重要建筑物等处的地雷，保障我军安全机动；其次依托道路向两侧拓展清扫范围，以保障部队的疏散；最后全面清除战区内的地雷，以争取在最短的时间内完成扫雷任务，为联合作战行动争取主动。

对于路边炸弹及未爆弹药排除的处置力量可以依靠合成部队工兵连破障排，采用搜排爆作业箱组、排爆机器人及人工处置的方式进行探测、排除。美军在伊拉克和阿富汗作战中就"以战斗工程兵作为爆炸物排除代理人，在道路清障或道路勘察期间，通过对未爆弹药进行有限的识别和处理，从而使爆炸性危险物失效"。"在作战区域内对爆炸和破片危险区实施隔离，也可以协助爆炸物处理人员处理爆炸性危险物。"

排除作战区域和道路中的地雷和未爆弹药，是机动作战工程支援的一项重要任务，其不仅对军事行动可以保持机动性和战术灵活性，对于维护战区稳定也具有重要作用。随着地雷与布雷技术的不断发展，布雷手段的多样化和战术运用日益灵活，使扫雷行动更具特殊性与复杂性。如地

雷障碍物覆盖范围广，针对性与时效性强，克服难度大；高科技地雷的广泛使用，增大了扫雷的难度与作业量；多种手段布设的地雷障碍物战斗效率高，单一扫雷手段难以奏效，需要在作业中交替采用多种扫雷破障手段和方法联合行动。为此，工程兵要不断运用高新技术，发展研制车载、机载大面积探雷器材。要不断探索新的扫雷机理，研究新的扫雷技术与手段。要不断发展高性能综合扫雷车，提高伴随支援能力。要不断研制新型爆炸性扫雷器材，进一步提高扫雷破障能力。要不断扩大高性能机械扫雷装具使用范围，提高自我保障能力。

（五）对敌阵地坚固工事实施攻坚爆破，支援部队集中突破

攻坚爆破是对妨碍进攻而又难以被火力摧毁的目标进行的爆破。攻坚爆破队作为传统的精锐作战力量，其独特的作战行动、出色的战绩，已经成为现代战争中的尖刀力量，发挥着越来越重要的作用。现代战争中攻坚爆破的目标主要包括野战工事、城市建筑、装甲车辆、易燃易爆物、敌有生力量等。其中，野战工事在火力准备阶段，通常交战双方通过远程火力给予大规模摧毁，剩余的是以临时构筑的防御工事和残损工事为主；城市建筑主要为各种建筑墙体、砂石街垒和临时掩体。这些目标结构迥异、异常坚固，且和兵力、火力、工事、障碍紧密结合，易守难攻。战时可以依托合成部队合成营支援保障连工兵排或作战支援营工兵连破障排加强部分火力掩护力量支援部队攻坚爆破。

一是破除敌前沿阵地坚固障碍物。战时，敌军将充分

利用天然障碍物，并以人工障碍物封闭间隙，在地下、地表面设置宽正面、大纵深、多方向、多层次立体的障碍物体系，并使障碍物毁伤与火力打击有机结合。对此，为保障我突击部（分）队实施重点突破和连续强击，使其能迅速通过敌前沿前障碍地带，突入敌防御阵地，强击攻占突破口两侧的目标或有利地形，扩大和巩固突破口，攻坚爆破结合障碍排除，在火力掩护下，我军应以多种手段快速破除前沿阵地中的阻绝墙、碉堡等坚固筑城障碍物。

二是爆破敌火力点工事。目前，阵地工程多以坑道工事为骨干，以永备火力工事为主体，以坚固核心阵地为支撑的据点式防御体系。其炮兵火力工事依据各种火炮性能均以石筑、钢筋水泥浇筑或在岩石中构筑，并具有多方向射击功能，105毫米以上大口径火炮工事一般可承受500磅（226.8千克）航弹直接命中，有的可承受1000磅（453.6千克）航弹的直接命中，其203毫米、240毫米榴弹炮工事的发射口还有厚钢板防护，生存能力很强。未来城市进攻作战，需要将上述我军航空兵火力、炮兵火力打不着、摧毁不了、残存的火力点工事为重点爆破目标，快速实施破除，保障攻坚战斗的顺利进行。

三是破坏市区敌高层建筑物和地下工程设施。城市的地下铁道、城市隧道、地下建筑物和城防地下工程等地下设施，数量多，面积大，分布广，隐蔽性好，坚固程度高，战斗和生活设施完善，便于敌人隐蔽集结、指挥机动、坚守和储存物资等。但也存在着兵力分散，观察、射击、指挥、协同困难，内外联络和动摇不便等弱点。为此，我军应根据地下设施、敌情等情况，对我军难以进入的敌掩蔽部、屯兵工事或存放武器、弹药、物资的地下仓库，综合采用多种手段，选其薄弱和要害部位，在地下设施出入口处或顶部实施爆破，炸毁守敌。第二次车臣战争中，俄军针对车臣非法武装善于利用格罗兹尼市区的地下设施袭击行动的特点，实施攻坚爆破炸毁了一些地下通道，切断了敌人从地下机动的路径，从而为主攻部队胜利夺占格罗兹尼市创造了条件。

三、拘束敌战场机动

拘束敌战场机动，就是采取各种工程措施，迟滞、阻止敌人的行动，分割敌人的战斗队形，破坏敌人的整体结构，使敌人的整体优势难以发挥，处于被动挨打的境地，从而形成对我方有利的态势，以便更好地打击和消灭敌人。在进攻性和防御性精确战斗行动中，工程兵的反机动工程支援行动都是十分重要的。战时可以依托合成部队合成营支援保障连工兵排或作战支援营工兵连以及加强部分火力掩护力量支援部队遂行反机动工程支援任务。

（一）多种手段灵活设障支援部队开进展开，阻敌阵前冲击

阵地进攻作战中，当我攻击部队是在不与敌直接接触情况下展开时，为掩护我开进、展开和进攻发起行动，应根据敌警戒情况，视情在敌防御前沿与我预计占领地形之间，设置定时自毁地雷场或遥控自毁地雷群，地雷自毁定时的长短，应根据我展开的时间和我在进攻出发阵地停顿的时间决定，既要有足够的时间掩护我进攻部队展开并占领有利地形，又不能影响我进攻发起。

我攻击部队发起冲击后，敌将以兵力、火力实施多方向、多波次地反冲击。工程支援力量要与各兵（军）种部队协调一致地制止、抗击敌反冲击。制止敌反冲击，在发现敌组织反冲击征候时，迅速组织随机设障力量，在反冲击之敌集结地域、道路和展开线，快速布设地雷，或快速开设路坑和破坏桥梁。以反机动工程支援行动制止敌反冲击时，要准确判断敌反冲击的时机、方向和规模，边组织边实施。

当敌反冲击展开并实施攻击后，工程支援行动主要是抗击敌反冲击。当敌以优势兵力反冲击时，应首先考虑以火箭布雷车以及抛撒布雷车将地雷布撒在反冲击之敌即将攻占的地形上。当我进攻部（分）队处于敌多路攻击中时，应快速设置路坑、反坦克沟、铁丝网等障碍物，掩护我进攻部队迅速收拢兵力并利用地形转入防御。当敌多路多方向实施反冲击时，应集中将机动障碍物设置在对我威胁最大一路之敌。当敌以机降行动配合反冲击时，应组织反机动工程支援预备力量，适时设置对空障碍物。

（二）三维一体立体设障阻敌低空突击，掩护我后方安全

随着航空技术的发展和当代高新科学技术在军事领域的广泛运用，来自空中的威胁日趋严重，以打武装直升机、打巡航导弹、打隐身飞机、防空袭、防空降、防侦察监视为核心的"三打三防"，已成为信息化局部战争首先要解决的问题。防空障碍物一般预先构设或机动构设，其目的是阻打超低空飞行的敌武装直升机、巡航导弹等技术兵器，迫使敌机改变飞行高度或飞行航向，为我防空火力歼敌创

造有利条件。

一是设置爆炸性障碍器材。防空障碍物中，最具威力、对敌威胁最大的是各种爆炸性障碍器材。各种空飘雷群雷带、空飘智能雷等在低空超低空空域内，组成不同高度、多层次的立体爆炸性障碍带。空飘雷是一种装有炸药和引信的地雷，由氦气球将其悬吊在空中，飘浮于敌武装直升机可能经过的航线上，采取全向爆破方式，打击敌武装直升机。该雷结构简单，使用方便，可由人工施放或遥控施放。升空后，由牢固的缆索拖住气球，稳定在几十米至几百米的高度上。空飘智能雷配备了先进的近炸引信或遥控系统、敌我识别和自寻的系统，可有效地识别敌我、遥控飘雷状态，在较远的距离上自动攻击敌武装直升机、巡航导弹等战术目标，并借助自寻的系统将目标击落，这将给敌武装直升机乘员带来极大的心理威慑。

二是设置于地面的对空障碍物，以对空定向雷和反直升机地雷等爆炸性障碍物为主。以现代高技术反直升机地雷为骨干的地面防空障碍物，可随机对空发射反直升机榴弹、雷弹、燃料空气炸药弹等，攻击低空机动的武装直升机、巡航导弹等目标。当前，AHM反直升机地雷研制已取得突破，外军已开始装备部队，我军在这方面的研究也有了重大突破。如美军装备的AHM反直升机地雷，具有全天候工作和敌我识别能力，可对付半径400米、高度200米以下空域的目标，可用人工、火箭炮、陆军战术导弹或"火山"布雷系统布设。设置于地面的爆炸性对空障碍物，除可有效地直接击落掠地飞行的武装直升机和巡航导弹外，还可迫使敌机增加飞行高度、改变飞行航线，一旦敌机脱离了地面爆炸性对空障碍物的攻击高度，我雷达系统就可精确地确定敌机方位，为我地面防空火力击落敌机创造有利的条件。

届时根据敌直升机活动的特点，工程兵部（分）队编组防空障碍设置队，大量设置防空（降）障碍物，必将成为我军立足现有装备，迟滞敌超低空机动、打击机降之敌的一种有效手段。

（三）运用布雷装备支援部队围困、分割当面之敌

地雷作为一种攻防兼备的爆炸性武器不仅能有效地毁伤敌装甲战车、击落低空飞行物、杀伤敌有生力量，而且可有效地限制和迟滞敌人的机动，为我调整作战部署赢得时间和空间。届时，合成部队工兵力量可采用人工预先埋雷、火箭远程布雷等方式支援部队作战行动。

一是拦阻布雷阻敌。拦阻布雷是将可撒布地雷有针对性地突然布撒在运动目标的前方，在战术或战役地幅内构成瞬时雷带，将敌拦阻、堵截分割或包围。即在运动或进攻之敌战斗队形的先头前，采取火箭布雷，快速布撒（设置）地雷场，卡口制谷，减缓敌机动、冲击速度，创造摧毁技术兵器、杀伤敌有生力量的有利战机。根据敌机动方式和技术装备情况，可布撒（设置）防坦克（防车辆）雷场，也可布撒（设置）防步兵雷场或混合雷场。若敌企图利用我雷场间隙或翼侧迂回通过，应进行二次补射拦阻，封闭间隙、翼侧通道，确保拦阻效果。同时，也可在突入之敌威胁的方向前，或在敌企图突围和可能实施追击的行动方向前，运用火箭布雷。对敌实施障碍堵断或障碍包围，限制敌行动，巩固已占领地区，阻敌逃跑和增援，掩护重

要目标和部队行动的安全。

二是覆盖布雷困敌。采用远程火箭布雷车将地雷撒布到敌坦克、炮兵阵地及其他兵力兵器密度较大的地区，目的是毁伤、阻滞、围困、扰乱敌人，将敌战斗队形拦腰切断，或分割成数段多股，使敌前后脱节，分散其兵力，割裂敌攻击部署，摧毁敌技术装备或有生力量，协同合同部队破敌于运动之中，为己方火力创造有利战机。对行进中的敌人，布雷时机宜选择在其进至己方火力控制地段，最好是谷地、隘路、河旁等不便于机动的地段。

三是机动布雷分割当面之敌。机动进攻作战，每战歼敌规模将要缩小，必须通过全纵深多路攻击，实施重点突破、越点攻击、立体分割，在机动中创造并捕捉歼敌的战机。对运动或仓促转入防御之敌，应根据穿插深度和分割的规模，对被分割之敌实施全覆盖或半覆盖布雷，打乱其战斗队形。或对被分割之敌运用机械或火箭布设覆盖性烟幕障碍，削弱、扰乱其观察和判断。对机动支援之敌，应首先对其实施覆盖布雷，而后对其实施拦阻布雷。

（四）补充完善障碍配系支援部队坚守阵地和巩固占领地区或重要目标

支援我防御部队坚守阵地，应在包括前沿坚守区域和纵深坚守区域的整个坚守区域内设置障碍。确定阵地内障碍应依据兵力部署、阵地组成和任务等因素综合考虑，根据障碍用途，阵内障碍通常包括反坦克障碍、伏击障碍、对空障碍、目标警戒障碍等。

进攻部队在夺取预定地区后，奉命占领该地区或目标时，通常按仓促防御的要求，迅速组织反机动工程支援，并在作战过程中不断完善障碍配系。应在基本明确本部队巩固的地区范围或目标后，首先，在敌接近路段设置雷群、路坑装药；其次，再根据任务详情，通过实施详细的工程侦察，不断调整、完善障碍配系。障碍配系，应全面分析和考虑后续任务的需要，既要有利于本部队巩固已占领的地区，又要为友邻部队继续发展进攻创造有利条件，还要考虑本部队转为上级预备队或撤离战场的需要。

在完善阵地障碍配系力量运用上应立足合成部队自身工兵分队，运用抛撒布雷车、蛇腹形铁丝网等装备进行快速设障；还可在坦克、步兵战斗车和其他机动车辆上安装机械抛撒布雷器材，通过在步兵等战斗分队增加单兵布雷器携行量的办法，提高设障能力。

四、提高合成部队战场生存效能

通过障碍物构筑、工程伪装、战场欺骗等工程手段所形成的整体效能，为作战部队提供战场生存工程支援，确保其提高战场生存能力和更有效发挥武器装备作战效能的作战行动，是工程支援的核心任务之一。信息化联合作战与机械化合同作战相比，无论在战场环境、使用武器、作战方法上，还是在作战观念、作战思想、作战目的上都已发生了根本性的变化，随着侦察监视能力和精确打击能力的提高，对作战部队的战场生存构成了严重威胁，同时，对工程兵实施战场生存工程保障行动也提出了更高要求和严峻挑战。

（一）构筑并维护野战指挥工事及其他重要阵地工程

无论是在进攻，还是在防御作战中，坚固完善的阵地工事对减少人员伤亡、减轻武器装备损伤和提高火器对敌杀伤效果都发挥了重要作用。合成旅工程兵分队在进攻战斗中的进攻出发阵地、已夺占区域，或者防御战斗中防守区域内，主要担负构筑指挥工事、重要目标或火器的掩蔽工事和射击工事、技术复杂工事等任务。

一是构筑野战指挥工事。在合成旅机动进攻、防御作战的过程中，伴随旅移动指挥所，提前在预定展开地域或者在随机展开地域，利用有利地形快速构筑旅基本指挥所和预备指挥所的移动指挥工事与指挥车辆防护掩体，保障旅指挥所，能够迅速进入工事隐蔽防护，实施稳定的移动指挥控制，是工程兵分队的重要任务。当部队组织阵地防御作战，以相对稳定的开设式指挥所实施战斗指挥时，工程兵分队应当充分利用配置地域内地物、地貌和植被等条件，运用制式工事构件和就便器材，构筑与维护联合（合同）指控中心的各种掩蔽部工事，以及堑壕、交通壕和指挥车辆掩体等防护工事，保障旅指挥人员和装备及时展开，实施隐蔽、安全和不间断的作战指挥。

二是在指挥工事附近区域，设置爆炸性障碍物或非爆炸性障碍物，阻碍或炸毁来袭武器，使指挥工事免遭武器的直接攻击。如设置地空雷障，阻止来袭武器对指挥工事的直接攻击。根据防护需要，可以运用低空悬浮弹、空中拦阻飘雷和智能空飘雷等在空中组成的雷区，阻滞和炸毁来袭武器，具有阻、炸两种功能。还可以运用各种烟幕设置的空中屏障，其设置对象主要针对敌超低空进袭的空中目标，其设置高度为几十米到数百米，甚至更高。如人工造雾等，可以形成大面积的空中障碍，既不易暴露需要防护的目标，又可以长时间发挥效能，对电视、激光、红外等制导的精确武器形成有效的空中障碍，降低其命中精度。也可以利用空浮拦阻气球、钢索拦网、空中伞障等布设"空中陷阱"，在空中组成障碍区。

三是担负核心和关键野战工事的构筑任务。工程兵分队通常只担负核心重要目标或时间紧迫其他作战力量来不及完成的工程作业，主要负责构筑指挥所地域内的堑壕、交通壕，修筑进出道路和掩蔽工事，以减轻敌火力准备时对我关键目标毁伤；维护与构筑通信枢纽等技术复杂的掩蔽工事、射击工事。当任务紧急时，采取改造地形的方法作业；当任务趋缓时，采取改造与仿造、地表与地下、深挖与堆垛相结合的方法作业。有时也可派遣部分专业骨干对主要作战力量的防护工事构筑作业进行技术指导，必要时指导配属的民兵、地方支前民工完成相应的阵地工程构筑任务，较大程度地整体提高合成部队工程防护能力。

（二）对阵地和重要目标实施工程伪装

工程伪装是以工程作业手段实施的伪装，结合运用各种技术手段，达到隐蔽自己和欺骗敌人的目的。在合成部队遂行作战中对阵地和重要目标实施工程伪装是提高部队生存能力的一项重要保障。

一是对野战阵地实施工程伪装。对野战阵地实施工程伪装要针对侦察弱点采用有效措施。既要看到强敌侦察监视能力强、分辨率高的特点，更要善于寻找和利用其存在的弱点，搞好野战阵地伪装。例如，在东南沿海地区，山地面积约占总面积的87%，敌侦察器材难以发现隐蔽在高大山体后的阵地目标。同时，亚热带地区雨雾天多，敌侦察受不良天候影响较大，虽然各种侦察监视器材的分辨率目前有较大提高，但目标经过严密伪装就很难被发现和识别。因此，在野战阵地伪装过程中，应针对和利用这些弱点，制定伪装措施，增强伪装效果。

二是巧用伪装器材，实施全谱伪装。在信息化战场野战阵地的伪装行动中，应结合地形条件，科学编组和使用制式伪装工程装备，充分发挥其效能，并充分利用就便器材，对阵地目标进行全谱遮蔽。应将制式器材和就便器材结合起来，以对付敌全谱侦察的目的。例如，可运用"85"式迷彩作业车按要求对暴露在地表的车辆、技术武器和物资堆列以及遮障或背景表面进行技术喷涂多谱段伪装涂料，以减小或消除目标与背景反射电磁波的差别；利用假目标作业车在真阵地安全距离之外构筑假阵地，再利用遮障和迷彩等器材施以不完善的伪装，以有效地欺骗迷惑敌人；对阵地工事实施凸型、凹型、平面和综合多谱的掩盖遮障伪装，再配合使用就便材料，以有效地防敌可见光、红外和雷达的侦察监视，使野战阵地具有全谱遮蔽的伪装效果。

三是巧妙工程示形，欺骗迷惑敌人。在野战阵地伪装中，可通过模拟出目标的各种物理特征，达到以假乱真、迷惑敌人的目的。例如，在平原地区以制式假目标器材为主，配合使用就便器材，大量制作假坦克、假火炮、假导弹等假目标，并构筑简易的堑壕，再实施不完善的伪装，使敌难辨真假；通过在假目标内部加装电子发射装置，利用电子发射装置模拟真口部的电子发射特征，发射有关我军作战时间、作战企图、作战行动、作战命令、兵力部署、部队机动等电子假信息，以欺骗和迷惑敌人。信息化联合作战，敌将对我野战阵地实施精确打击，应根据阵地目标具体情况，对敌实施干扰行动，以弥补隐真、示假伪装之不足。例如，可适时施放光学、热红外烟幕，使敌光学、红外制导系统无法自动寻的；在野战阵地上方一定的区域内大量投放箔条诱饵，对敌雷达制导系统实施无源式反雷达干扰；在阵地周围区域采取设置角反射器等措施实施欺骗式反雷达干扰；利用电子发射机在敌制导武器来袭方向发射强烈的干扰信号，压制末制导系统对卫星信号的接收，实施有源干扰，提高野战阵地战场生存能力。

（三）综合运用工程措施实施战术欺骗

运用工程措施实施战术欺骗，通常采取真假混设，以假隐真；模拟行动，佯动伪真的方法。

真假混设，以假隐真是指对伪装目标实施伪装作业过程中，在对真目标实施严密伪装的同时，对构筑和设置的假目标实施不完善的伪装或配以较少量的真目标，以欺骗和诱惑敌人。真假混设，以假隐真的方法，通常适用于对集结地域和战役纵深军事目标和有重要军事价值的民用目标的伪装。运用真假混设，以假隐真方法时，应根据合同部队作战部署和各个伪装目标的战术价值，分别使用相应的器材。对重要目标的伪装要运用多种措施，确保隐蔽安全；对设置的假目标要"形""神"兼备，并实施不完全伪装，使敌人发现后能深信不疑；对少量的真目标也应进行必要伪装，使其能最大限度吸引敌人的注意力和火力，以确保重要目标的战场生存能力。模拟行动，佯动伪真是指运用少量兵力和装备器材，在部队行动的翼侧或附近，模拟重兵集团的集结、移动或战术行动，以吸引敌人的注意力或火力，掩护主要兵力部署或战术行动。模拟行动，佯动伪真的方法，通常运用于战役战术兵团集结、开进、展开和战斗行动，或敌侦察监视严密行动，一方面需要隐蔽战役战术行动，另一方面需要"造势"时采用。

运用模拟行动，佯动伪真方法时，应与合成部队的作战企图要求相适应，与模拟部队（分队）的行动相结合，综合运用制式和就便器材，模拟目标的各种暴露征候，根据技术要求和背景特点，广泛构筑和设置假目标，设置角反射器和仿造伪装，欺骗、迷惑敌人的侦察，造成敌人判断失误，提高真目标的战场生存能力。部队可组织小股分队在假阵地的配置地域内实施工程佯动，以迷惑和欺骗敌人。由于作战部队在配置阵地过程中通常具有人员的活动、汽车和装甲车辆在行进中发出的巨大声响、电台频繁联络和夜间灯火的使用等特征。因此，可通过用少量汽车采取不规则环形开进的办法，造成大量坦克、汽车开进的假象，在路旁留下坦克模型以模拟掉队的坦克，并使用发烟器材、音响器材和电子设备来模拟部队行军形成的烟尘、声音和电子辐射效果，夜间通过灯光、音响和电子设备来模拟部队的行动。

第五章 工程支援力量

工程支援力量是联合（合成）作战力量的重要组成部分，是达成作战企图的重要因素，是完成工程支援任务的核心物资基础。工程支援力量的使用影响着工程手段的使用和工程措施的确立，制约着工程支援行动的进程和时效，决定着工程支援的质量和效果。

一、工程支援力量主要编成

（一）陆军合成旅工程支援力量

陆军新型合成旅是新体制下成立的陆军新型作战力量，是合同战斗、联合战役力量体系的主要组成部分。在新体制下，陆军新型合成旅分为重型、中型和轻型三种合成旅，合成旅工程支援的专业力量主要包括旅属的工程兵分队。

合成旅作战支援营通常下编工兵连，根据合成旅类型和作战任务的不同其编制体制也不尽相同。在标准编制下，合成旅属工兵连主要编制若干个破障分队、火箭布扫雷分队、工程作业分队、路面桥梁分队、伪装分队以及工程侦察班（组）。其中各分队的主要作战任务为如下内容。

破障分队主要任务是通过爆破法、机械法等多种综合方法破除敌障碍物、开辟通路等，主要装备包括履带（轮）式综合扫雷车、多用履带（轮）式多用工程车、坦克架桥车等。

布扫雷分队主要任务是利用火箭布扫雷车（布扫雷车）破除敌雷场、快速机动布雷迟滞敌机动等，主要装备包括火箭布雷车、火箭扫雷车、弹药运输车等。

工程作业分队主要任务是利用工程机械、各类装备、各类工事等进行指挥所开设等构工作业，主要装备包括推土机、挖掘机、装载机、气源车、电源车等。

桥梁分队主要任务是利用各类工程机械、制式桥梁等工程装备构筑急造军路、架设桥梁保障部队机动等，主要装备包括重型机械化桥、自行舟桥、金木工作业车、机械化路面车、重型支援桥等。

伪装分队主要任务是利用迷彩伪装、烟幕伪装等方法，通过各类隐真示假的手段对重点目标和重要作战行动实施伪装作业等，主要装备包括伪装勘察检测车、迷彩作业车、野战工事作业车等。

工程侦察班（组）主要任务是利用各种工程侦察制式器材，对敌障碍、重点目标以及机动道路、主要桥梁等实施侦察行动，主要装备包括工程侦察车等。

除工兵连之外，每个合成营作战支援连下编工兵排，每个工兵排均编制若干个班，分别是重型合成旅属工兵排编布扫雷班、工程车班和工兵班；中型合成旅属工兵排编破障班、工程车班和工兵班；轻型合成旅属工兵排编扫雷破障班、工程作业班和桥梁渡河班。其主要任务是通过各类工程作业手段，支援合成营作战。

(二) 陆军兵种旅工程支援力量

军队体制编制调整后，为有效提升工程支援能力，各陆军兵种旅（边海防、炮兵、防空）都相应增强了专业工程支援力量，即兵种旅作战支援营下编工兵防化连或工兵连，其主要包括道路、筑城和地爆作业力量，具体任务如下。

道路作业力量主要任务是通过构筑急造军路、抢修原有道路等形式保障兵种旅机动道路的畅通，主要装备包括推土机、装载机等道路工程装备。

筑城作业力量主要任务是利用制式器材以及有关工程装备构筑和维护指挥所以及重要工事的构筑，主要装备包括挖掘机、气源车、电源车等。

地爆作业力量主要任务是利用制式爆破器材以及有关工程装备破除敌爆炸性障碍物等。

(三) 其他工程支援力量

在现在陆军合成部（分）队编制体制中，工程兵力量基本上涵盖了大部分的工程兵专业，能够基本满足作战工程支援任务，但是当自身工程支援力量不足或没有相关专业和力量，无法满足支援任务需求时，也可能从其他工程兵部（分）队中或合成部队其他作战力量中抽调部分兵力进行加强。

二、工程支援力量使用原则

未来战场工程支援任务无论是强度还是难度跟以往作战相比都有了很大程度的提升，而工程支援专业力量规模数量、作业能力的有限已经成为影响未来战场实施有效工程支援的制约因素，因此，如何科学高效地运用工程支援力量完成战场工程支援任务已经成为作战成败的关键因素。这就要求合成部队指挥员及指挥机关必须科学合理、高效灵活地运用各种工程支援力量，将各类工程支援力量发挥到效能最大化。工程支援力量通常遵循以下原则。

（一）灵活机动，全域使用

首先要明确的是此处的"全域使用"，特指在陆军合成战斗整个作战区域内实施工程支援任务，也就是说这里的"域"指的是作战区域，与陆军全域作战的"全域"有着本质的区别。灵活机动地实施工程支援，是陆军战术兵团、部队的工程兵在未来信息化战场上实施工程支援的最基本要求。工程支援力量必须摒弃以往的定点式、静态式的工程保障方式，而应当采用机动式、动态式的工程支援方式，通过快速灵活的战场机动，在动中实施对攻防目标的工程支援，在动中完成战场工程支援的部署与造势，在动中夺取并控制战场工程支援的主动权，在动中完成对整个作战区域内无论是进攻前沿还是后方部署的全域工程支援任务。

除此之外，还应做到灵活的战斗编组。未来信息化作战是多军兵种的联合作战，也就是将各个军兵种模块通过信息化指挥手段进行模块化的组合，作为陆军合同作战的工程支援力量也应当按照模块化方式进行科学合理的高效组合。从我军此次编制体制调整可以看出，以陆军合成旅作战支援营工兵连为例，其编制中包含工程侦察模块、道路模块、桥梁模块、布雷模块、扫雷模块、爆破模块、伪装模块、工程作业模块等。在实施战场工程支援任务时，按照支援任务的性质、规模、难度、紧急程度的不同，按照群队式编组灵活机动地将各个模块进行整合，从而最大限度地发挥各个模块的整体作战效能；同时根据作战需要，工程专业支援模块还可以与其他军兵种模块进行灵活组合，全程体现联合作战模式。完成当前任务后，拆散各个模块，根据下一项任务的需求，重新进行模块的整合，从而不断地发挥各模块的战场使用效能。工程支援力量的编组不是固定的，其规模、性质要根据战场任务的实际不同按需组建，队内各编组按照模块化的编组模式进行灵活机动的组合，可以在战场上最大限度地发挥有限的工程支援专业力量的作战能力，从而最大化地发挥工程支援作战效能。

（二）集中力量，重点使用

集中力量，重点使用是工程支援的基本原则，是工程支援专业力量实施工程支援的重要指导原则。未来战争作战准备时间大幅缩短、作战进程明显加快，但是工程支援任务不减反增，而且临机工程支援任务会层出不穷，这都对工程支援提出了更高的要求。这就要求在一些重点工程支援任务上，必须集中使用战场工程支援专业力量，全力突击、迅速完成，保证战争进程的迅速性和延续性。因此，在运用工程支援力量时，必须从全局出发，根据战场工程支援任务以及工程支援力量情况，确定工程支援的整体布局，区分主次方向、轻重缓急，特别要正确地确定工程支援的重点，统一部署工程支援力量，科学安排工程支援任务的顺序、完成的时限和行动相关要求，工程器材的筹划、分配和供应，以及工程装备的技术保障等。在支援内容上，指挥所的构筑与维护,以重要道路、桥梁、渡口等重要机动目标,通路的开辟等重要行动为工程支援的重点;在作战空间上,以主要作战方向、主要作战地区、主要作战单位以及对全局具有决定意义或重大影响的目标或地域为工程支援的重点;在作战样式上,进攻战斗中指挥稳定的工程支援、机动工程支援和突破时的工程支援,防御战斗中指挥稳定的工程支援、隐蔽安全的工程支援和反机动的工程支援是工程支援的重点;在作战时间上,以影响战斗全局的关键时机为工程支援的重点。针对以上工程支援的重点,一要按照灵活编组的形式进行工程支援力量的集中。灵活编组不能等同于分散使用,相反灵活编组不仅不会影响工程支援专业力量的集中使用,反而通过科学合理组合能够更好地促进工程支援专业力量的集中使用,达到按需组合、避免力量浪费,最大限度地发挥各个模块的支援能力,从而更好地形成整体合力,发挥整体效能。二要注重集中工程装备和工程器材的优势。工程装备器材是遂行工程支援任务的基本物质基础,是工程支援力量的重要组成部分,特别是在未来战争中作战的时效性和复杂性都对工程装备器材保障提出了更高的要求,可以说工程装备、器材已经成为能够顺利完成各类工程支援任务的重要影响制约因素。因此集中工程支援力量要特别注重工程装备、器材的运用,在次要工程支援项目上节约作业的兵力和器材,保证能将主要兵力和器材投入重点工程支援项目的作业。三要适时调整。未来战争战场形势瞬息万变,重点工程支援任务随着战争进程的发展会不断发展变化,这就要求负责工程支援任务的指挥员必须审时度势、全面规划、精细运筹，不断地调整实施工程支援任务的各工程支援专业力量模块，使各个工程支援专业模块在战争进程中通过不间断集中组合不断形成不同的工程支援集中优势。

（三）目标中心，精确使用

以任务目标为中心，精确使用各工程支援力量，是工程支援力量作战运用的重要原则，同时也是陆军精确战斗思想的重要体现。为了达到最佳的工程支援效果，应做到精选目标、精确筹划、精投力量、精准实施。

精选目标。精确目标的选择要服从并服务于精确战斗行动的需求，不同类型的战斗有不同的重点支援目标、不同阶段的战斗有不同的重点支援目标、不同规模的战斗同样有不同的重点支援目标，因此，在选择重点支援目标时要根据不同的作战样式、阶段、规模，合理地进行目标的主次之分、轻重之分、缓急之分，从而做到作战支援目标选择的科学性、合理性和精确性。

精确筹划。首先，精选支援力量。针对需要支援的目标、支援任务的性质、达到的效果，通过精确的计算，科学选择支援力量，合理编组各个模块，做到数量上合理够用、质量上效能匹配。其次，精确设计行动。围绕需要支援的目标，精确设计支援手段和行动方法，以确保能够达到最佳的精确效果。最后精算器材保障。要精确计算完成支援任务所需的各类装备器材的种类、数量，既要防止装备器材的不足，又要防止装备器材携带的超余，造成战场资源的浪费。

精投力量。首先，要精确使用工程支援力量，做到能少用的就不多用，能不用力量的就不用，通过前期的精确筹划以最少的保障力量去完成选定的支援任务。其次，力量编组完毕后，要以最快的机动速度、最短的机动路线、最佳的机动方式迅速投送工程支援力量，确保工程支援力量第一时间送达。

精准实施。工程支援力量精确投送后，工程支援行动要严格按照预先制订的工程计划，尊重工程支援客观规律和实际情况有序展开，严格把控工程支援任务质量，既要防止行动时间过长，超过预定时限；又要防止任务质量不高，达不到作战需要。除此之外，工程支援力量遂行任务时要做到高度灵活，按照计划展开的同时，要根据战场实际灵活调整，要实事求是，符合现场作业实际。

（四）全程支援，伴随使用

随着工程兵作战理论的不断创新、工程兵任务职能的不断拓展、工程装备技术的不断发展，在未来战场上工程兵已经不再是单一的保障兵种。工程兵力量在实施工程支援时要与被支援对象高度融合，全程伴随支援。从联合作战角度来看，信息化联合作战对作战的联合性、整体性要求空前增强，工程支援行动作为联合作战行动的重要组成部分，必然要求工程支援行动与其他行动密切协同、融为一体，通过对联合作战的全程支援，发挥工程支援的整体效益。从作战进程方面来看，从战备等级转换开始工程支援任务就接踵而至，甚至部分工程支援任务要采取超前预测、提前预构，在战争各个阶段工程支援任务同样会层出不穷，也就是说从战争开始到战争结束，工程支援任务将伴随战争始终，这就要求工程支援力量必须做到作战全程支援。从支援方式角度来看，工程支援是以直接动态方式的即时支援战斗，采取伴随机动支援的形式，通过工程手段支援其他军兵种作战，而不同于以往的定点、静态在纵深地域遂行的工程保障行动。

（五）预留预备，机动使用

未来信息化战场瞬息万变，临机工程支援任务会不断涌现，加之现在完成工程支援任务对于工程装备器材的依赖性空前提高，因此为了适应战场情况变化，应付随机出现的工程支援任务，适时增强主要方向和重点支援目标的工程支援力量，及时替换遂行工程支援任务时遭受损失较大的工程支援力量，从而保证完成工程支援任务的连续性和时效性，陆军战术兵团、合成部队指挥员和指挥机关必须掌握一定数量的工程支援兵力和器材作为预备工程支援力量机动使用。工程支援预备力量应灵活科学、合理编组，其构成要包含实施工程支援的各个专业模块，使其具有完善的综合保障能力和快速反应能力，以便于能够应付各种临机工程支援任务。工程支援预备力量的使用要注意以下几点。一是隐蔽配置、快速机动。工程支援预备力量应当隐蔽配置，确保自身力量的安全完整，同时应当配置在便于快速机动、靠近重点支援目标的适当位置。二是精准计算、高效使用。在使用预备力量时，要精准计算、精准预留，通过小批量、多批次的投入，使工程支援预备力量的使用效率达到最大化，发挥其最大的作战效能。三是多法预备、保持连续。当工程支援预备力量一经使用或者损伤较大时，应立即采取多途径、多方式进行重新组建工程支援预备力量，保证预备力量的持续性，使各级始终掌握和控制一定的工程支援预备力量。

三、工程支援力量运用方式

（一）全程一体式运用

全程一体式运用，是指工程支援力量在作战全程始终随同作战力量一起行动，直接为其提供工程支援的一种方式。其主要内容包括：在战斗编成上工程支援力量与作战力量一体化；工程支援力量伴随工程支援对象行动，工程支援行动与作战行动融为一体；工程支援力量以群队的形式，实施综合性与专业性相结合的随伴式工程支援；工程支援力量具有较强的随机工程支援能力和战场应变能力，进行多点、多方向、多层次工程支援，能够根据战斗行动需要及时完成各种工程支援任务。

全程一体式运用方式是，将本级和上级加强的工程支援力量，编组成若干小型综合、具有一定独立工程支援能力的工程支援编组，一般编在作战部队机动队形中，并紧随部队实施工程支援，与被支援单位一起集结、一同机动，形成在作战中遂行工程支援任务、在遂行工程支援任务中作战的融合态势。在执行任务期间，由作战部队指挥员统一指挥，并与合成部队诸兵种分队紧密协调、共同完成工程支援任务，完成任务后迅速归建。

全程一体式运用的主要特点：一是工程支援及时、迅速，时效性强，工程支援力量与战斗力量一体，工程支援行动与战斗行动一体，可以最大限度地消除工程支援力量和支援对象之间的空间差和时间差；二是工程支援任务出现突然，随机性强，敌情威胁严重，受环境影响大；三是物资器材的携带量有限，战场补充困难，工程支援物资补充困难，持续支援力差。因此，全程一体式工程支援可成为机动作战、纵深作战、空（机）降作战等机动性联合战斗行动中的基本工程支援方式，但需与其他工程支援方式相结合才能具备持续的工程支援能力。

全程一体式运用的重点是合理编组工程支援力量。实施全程一体式工程支援要求工程支援力量应具有较强的工程支援能力和战场应变能力，能够根据战斗行动需要及时完成工程支援任务。因此，采用全程一体式工程支援方式时，应抽调技术素质好且具有较强独立工程支援能力的工程支援力量，按照合理够用、一体编组的原则，把工程支援力量模块"嵌入"战斗力量编组，使其成为战斗力量编组的有机组成部分，在遂行战斗任务的过程中，专门负责该战斗单元的工程支援任务。它既符合工程支援力量集中使用的原则，能够发挥整体工程支援效能，又紧贴战斗单元，能够实施及时快速的工程支援。

（二）全域机动式运用

全域机动式，是指通过立体机动的方式，迅速将工程支援力量投送或机动到达工程支援区域，对联合（合同）战斗力量和行动进行随机工程支援。其主要内容包括：工程支援力量以快速、立体的全域机动工程支援确保作战区域本部或其他部队作战行动；工程支援力量与支援对象之间是一种临时支援关系，工程支援力量没有固定的支援对象；另一种以野战化、机动化工程支援为主的动态支援模式。全域机动式工程支援的力量通常由联合（合同）战斗力量中的工程支援分队形成机动工程支援编组，对本级联合战斗行动实施机动工程支援。

全域机动式运用方法：工程支援力量由上级统一指挥，当联合（合同）战斗某一方向本级难以实施工程支援时，迅速派出工程支援力量实施工程支援。需要综合运用现代化的机动手段，将工程支援力量和工程装备器材快速及时地投送到任务作战地区，迅速形成工程支援。全域机动式工程支援的主要特点：一是具有较高的及时性和较强的应变能力，可能根据战场情况及时向主要战斗方向增加工程支援力量，灵活应对可能出现的战场复杂情况；二是工程支援力量的使用效率高，工程支援的范围广，便于在作战区域内机动使用和调配工程支援力量；三是工程支援任务的突然性、随机性较强，工程支援任务的转换频繁，不确定因素多。

全域机动式运用应重点把握：一是必须以战场信息系统为支撑，全面把握战场态势和战斗进程，及时了解联合战斗部队的工程支援需求，果断进行工程支援决策；二是必须建立以机械化装备为主体、具备较强的机动能力的工程支援分队，广泛使用运输直升机、战术运输机等快速输送、投送工程支援力量及装备器材，为保程支援力量实施全域机动创造必备的物质条件。

（三）区域联动式运用

区域联动式，是将作战范围划分成不同的工程支援区，并在每一个工程支援区内建立或部署相应的工程支援力量，对区域内各部队进行工程支援。其基本内容包括：根据联合战斗方向或工程支援系统的职责范围划分工程支援区域；建立群专结合的区域性工程支援力量体系；形成分区实施、协作联动的工程支援布局；对进入工程支援区域内的联合战斗兵力和行动实施区域性的联动工程支援。通常在作战规模较大，作战方向较多，战场流动性较小且工程支援力量较充足的情况下使用。

区域联动式运用的主要特点：一是工程支援力量固定而工程支援对象不固定，工程支援力量与支援对象之间是一种区域工程支援责任主体与机动工程支援客体的关系，工程支援的任务清晰、职责分明；二是实施就地、就近、就便工程支援，提高了工程支援效益，减轻了作战部队自身的工程支援压力，使作战力量更加精干、灵敏、高效；三是工程支援力量对任务区域内的地形、交通、物资等情况熟悉，有利于工程支援行动的顺利展开。

区域联动式运用通常将作战范围划分若干区域，并将工程支援力量分别配置在各区域之中，各自负责区域内的工程支援任务，凡是在某一区域内遂行作战任务的部队，都由该区的工程支援机构实施工程支援。这样，既弥补了按建制工程支援的不足，又充分发挥了工程支援力量的整体优势。实行区域工程支援，不仅能够集中体现独立作战的思想和要求，而且能够体现统一工程支援、就近就便、整体高效的原则。

区域联动式运用的重点是组织好各个区域内工程支援行动的连接与协同，使各区域的工程支援相互衔接。要搞好各工程支援区之间的协调，形成纵横相联的网络型工程支援体系，而且要适时调整各区域内的工程支援力量。作战过程中，应根据作战态势发展、工程支援目标分布及工程支援力量的损耗等实际情况随时调整编组，以保证对各工程支援区内的合成部队实施持续、快速、可靠的工程支援。

四、工程支援力量基本编组

科学合理地进行战斗编组，对顺利圆满完成各类工程支援任务，确保达成战斗目的具有至关重要的作用。工程支援力量在遂行工程支援任务时，应根据作战样式、行动特点、作战任务、编制装备等情况，按照"统顾全局、灵活机动、重点突出、全程支援"的原则来合理确定战斗编组，从而确保圆满完成各类工程支援任务。不同作战样式、不同作战需求下工程支援力量的编组形式不尽相同，一般情况下可设以下编组。

（一）工程信息队

工程信息队通常由工程侦察专业力量构成，有时也称为工程侦察队，主要编成工程侦察力量以及信息保障力量，除此之外还应包括部分警戒、掩护的支撑力量，主要用于各类工程信息的支援。具体任务就是采集各类工程信息，而后进行信息处理、分析整编信息、存储分发传输工程信息。"工程信息"是与工程支援任务有关的敌情信息、我情信息和战场环境信息的统称。工程信息是合成部队指挥员进行工程支援决策、实施工程支援行动的基本依据。特别是在信息化联合作战中，工程信息的重要性显得尤为突出。

工程信息队受领工程信息支援任务后，在队长的指挥下，通常编组警戒掩护组、工程侦察组和信息处理组。

警戒掩护组通常由工程兵或其他作战力量编成，人数根据敌情顾虑及战场情况灵活确定。主要装备是各值班火器及运输车。主要任务是警戒掩护工程信息支援队作业，确保工程信息支援队安全。

工程侦察组通常由工程侦察力量编成,当工程侦察时间紧、任务重时,也可进行部分工程兵力量的加强,若侦察地域遭污染,还应加强部分防化力量,工程侦察组一般控制在一个班,主要装备是工程侦察车、运输车、侦察测量器材等,主要任务是搜集各类工程支援信息,包括敌方工程信息、作战地区的地形信息、作战地域内的道路桥梁信息、气象水文信息以及我方的有关工程信息。

信息处理组通常由信息保障队部分兵力编成,主要装备包括电台、北斗、信息传输处理系统等,主要任务是处理、传输、存储分发各类工程信息。

工程信息队在执行工程信息支援行动时,可以采取集中作业或平行作业两种方法。集中作业,工程信息队严格按照分组,根据工程侦察计划,按照侦察路线逐点、逐项实施工程信息的采集、处理。平行作业,根据战场实际和作战时限需求,工程信息队划分为若干工程信息分队,包括道路、江河、水源、敌情等工程信息侦察分队,按照编组同时对战场工程信息展开侦察。两种行动方法各有优缺点,在执行时要根据战场实际灵活选择,最终要确保按时、保量、准确地向上级指挥员提供各类工程信息支援。

(二)机动工程队

机动工程队是保障战场机动、提供机动工程支援的作战编组,有时也称为运动保障队,通常由部分工程侦察力量、道路分队、桥梁分队为主编成,根据需要可以加强必要的其他作战人员。具体任务包括:侦察和标示行进路线;排除或克服行进路线上的障碍物;加强与抢修原有道路、桥梁和涵洞;克服泥泞路面;构筑急造军路;架设快速冲击桥、机械化桥；在受染地域开辟通路等。

随着我军武器装备的不断发展，目前已经基本实现了机械化，信息化水平也得到了很大的提升，但是武器装备的高机动性对机动的要求越来越高。尤其是进攻战斗中，作战部队从接敌、展开、突破、穿插分割、迂回包围，到阻敌增援、追歼逃敌、撤离战场等战斗行动都离不开机动，也就是说机动贯穿整个作战全程，由此可以看出机动的重要性，这就要求工程兵力量必须提供畅通的机动工程支援。

机动工程队的战斗编组通常根据受领的任务、有关敌情、上级要求、本队编成等情况综合确定。通常编组指挥组、警戒掩护组、侦察排障组、道路行动组和桥梁行动组。

指挥组，主要负责分析判断情况，定下行动决心，控制协调机动工程队的行动。

警戒掩护组通常由加强的步兵力量或自身工程兵力量编成，具体人数可根据敌情威胁情况合理配备，主要装备各类轻武器等，主要任务是负责机动工程队机动、作业过程中的警戒和掩护。

侦察排障组通常由工程侦察力量或道路、桥梁专业力量，以及加强部分防化或爆破力量编成，主要装备包括各类道路、桥梁侦察标示器材，通信装备以及必要的爆破装备，主要任务是对机动工程队机动支援路线实施工程侦察，标示机动路线，排除机动路线上的爆炸性障碍物，并及时上报各类工程侦察信息。

道路行动组，通常由道路专业力量编成，按作业需要可编为机械作业组和人工作业组。主要装备为挖掘机、推土机、装载机、平路机、多功能工程作业车、新型路面车等。任务是抢修与维护原有道路，构筑急造军路，在受染地域开辟通路，构筑迂回路、进出路，协助桥梁分队平整场地等。

桥梁行动组，通常由桥梁专业力量编成，根据编制装备的不同可以进行灵活的编组。主要装备有重型机械化桥、重型支援桥、坦克冲击桥以及各类制式桥梁构件、测量标示器材等。任务是加强和抢修桥梁，架设冲击桥、机械化桥，使用桥梁器材克服各类沟渠或深坑等。

（三）工程构筑队

工程构筑队是保障指挥所或其他战场工事构筑与开设的编组，有时也称为指挥所构筑与维护队，通常由工程作业排、伪装排、部分道路专业力量以及加强的步兵力量构成。主要任务是在上级指定地域充分利用原有地形和工事，快速构筑各类指挥机构，包括基本指挥所、前进指挥所、预备指挥所、后方指挥所等，以确保指挥稳定；维护和完善指挥所各种工事和设施，提高指挥、掩蔽工事的抗力等级；对指挥所及附属设施实施工程伪装等。通常编组指挥组、警戒掩护组、侦察组、器材组、构工组、伪装组、设障组等。

指挥组，通常负责指挥所构筑与维护行动中的组织准备、指挥筹划、协调保障等工作。

警戒掩护组，通常由加强的步兵力量或自身工程兵力量编成，配备各类轻武器以及必要的通信、观察装备，主要负责指挥所构筑与维护地域的安全警戒任务，及时发现敌情并实施防卫。

侦察组，通常由部分工程侦察力量或自身工程兵力量编成，主要装备包括各类工程侦察器材及通信器材；主要任务是对指挥所构筑地域实施侦察，定位、标示指挥所工事的位置，采集处理各种指挥所构筑与维护的工程信息。

器材组由自身工程兵力量抽组构成，有时也可由加强的其他力量编成，根据任务程度进行合理的人数确定，主要装备有金木工作业车、运输车、各种小型机具等；主要任务是制式器材的领取、筹集、加工和运输，就便材料的收集、加工和运输，相关装备的维修及后勤保障等。

构工组由工程作业排主要兵力以及道路专业力量构成，主要有挖掘机、装载机、自卸车、推土机等工程装备以及各类隐蔽工事器材等；主要任务是快速开挖各类平底坑和掩蔽工事，架设指挥工事支撑结构和构筑防护层，构筑各类进出路等。

伪装组通常由伪装力量编成，主要装备有迷彩作业车、伪装勘测车、角反射器以及各类伪装网等；主要任务是实施隐真伪装，减少指挥所暴露征候，提高战场生存能力。

设障组通常由工程作业力量编成，主要装备有各类障碍器材等，任务是在指挥所周边布设各种障碍，保障指挥所安全。

（四）工程设障队

战场机动与反机动是作战中的一对矛盾体，反机动工程支援行动通常采取在主要道路上设置障碍的措施迟滞敌机动，从而有效延缓敌作战行动，是战场上的一种基本方法和手段。

工程设障队是战场各种障碍设置的作战编组，通常由工程作业力量或筑城、布雷力量为主构成，同时加强部分爆破力量。主要任务是在敌必经道路上利用人机爆相结合的方式设置筑城障碍，利用布雷车迅速布设雷场，以迟滞敌机动、阻拦分割敌行动部署。可以编组指挥组、警戒掩护组、筑城障碍设置组、布雷组、爆破作业组等。

指挥组，负责工程设障行动的协调指挥控制。

警戒掩护组，通常由加强的步兵或工程兵自身力量构成，具体力量构成要根据战场敌情顾虑具体确定，如敌情顾虑较大则应适当加大警戒掩护力量，主要携带各类轻武器及必要的通信观察器材，主要任务是在作业地域掩护各作业组的设障行动。

筑城障碍设置组，通常由工程兵筑城力量构成，主要任务是以人工作业和机械作业两种手段在道路、桥梁等必经之路上设置各种筑城障碍物。人工作业是以人工为主要手段利用制式障碍器材或就便器材设置各种筑城障碍物，包括桩砦、各种铁丝网、拒马、路障等。机械作业是以利用各种工程机械为主要手段构筑防坦克壕、防坦克陷阱等障碍物。

布雷组，通常由布雷力量编成，主要装备包括火箭布雷车。主要任务是利用布雷车在敌装甲目标机动路线上迅速布设雷场，迟滞敌作战行动。

爆破作业组，通常由部分爆破力量编成。主要任务是以爆破为主要手段在敌机动道路上实施爆破，改变天然地形，形成各种深坑等障碍，迟滞敌行动；以爆破为手段炸毁敌机动路线上的桥梁、渡口等重要目标，逼敌迂回或重新架设桥梁，从而有效迟滞敌机动。

（五）工程破障队

工程破障队是集中使用合成旅主要工程破障力量在敌前沿障碍场中开辟通路，保障攻击分队突破敌防御前沿的作战编组，有时也称为"障碍排除队"。通常由破障排、道路专业部分力量以及加强的步兵、防化兵、医疗救护员等编成；主要任务是在敌前沿障碍场中开辟装甲、步兵冲锋道路。通常可以编组指挥组、警戒掩护组、机械作业组、扫雷破障组、人工爆破组、通路标示组和救护组。

指挥组，主要负责开辟通路过程中的破障行动和协调。

警戒掩护组，由加强的步兵编成，并配属炮兵火力的支援，主要任务是为工程破障队在进行破障作业时提供必要的火力支援和掩护作业。

机械作业组，由道路分队的部分力量编成，根据敌障碍情况确定编成兵力，通常包括坦克冲击桥、推土机和挖掘机等工程装备，主要任务是以工程机械作业的手段克服敌壕沟以及部分筑城障碍物等。

扫雷破障组，由扫雷排和破障排部分力量编成，主要装备有（火箭）扫雷车、综合扫雷车等，主要任务是利用各类破障装备在敌雷场和障碍场中开辟步兵和装甲通路。

人工爆破组，由工程兵破障力量编成，主要任务是当破障装备无法按计划实施破障时，以人工爆破的手段在敌障碍场中开辟通路，以及在破障装备破障后在敌障碍场中实施残余障碍扫残工作。

通路标示组，由步兵或工程兵力量编成，主要是利用各种通路标示器材，在已开辟的通路中进行通路的标示，同时引导装甲车辆通过开辟通路，向敌发起攻击。

救护组，由步兵和救护人员编成。主要任务是抢救在开辟通路中受伤的破障人员。由于通路开辟位置位于敌防御前沿，是敌重点防御区域，也是敌重点打击区域，面临敌火威胁较大，因此必须编配救护组，以保证第一时间对伤员实施卫生救护。

根据战场需要，也可将工程破障支援力量向下加强至各前沿攻击群，由前沿攻击群具体负责各通路的开辟，这样对于破障中的协同具有非常大的优势。如果出现加强的情况，就不再编组工程破障队，但前沿攻击群在利用工程破障支援力量实施通路破障时可以参照工程破障队的编组方式。

（六）工程预备队

工程预备队通常由工程兵各专业力量的部分兵力混合编成，有时也称为工程兵预备队，规模根据战场实际进行确定，通常不超过本级部队所属工程兵力量的三分之一。例如，工程构筑队完成指挥所构筑任务后除留下部分兵力实施指挥所维护任务外，其他兵力可以转为工程预备队。通常配置在基本指挥所附近或主要攻击方向上。主要任务是支援遭受损失较大的工程兵分队；加强主要攻击方向上的工程支援力量；指挥所转移以及执行其他临时的工程支援任务。其作战编组可以根据实际战场任务进行临时灵活的编组。

第六章　工程支援指挥

工程支援指挥，是工程支援分队对所属力量进行的组织领导活动，是对工程支援行动所实施的一种有目的、有权威的影响过程，保证工程支援力量能够紧张有序、坚决顺利地完成各项任务。它同属于战斗指挥的范畴，是战斗指挥的重要组成部分。同时，它与战斗指挥在指挥范围、层次、内容、方式以及所要达到的直接目的等方面，既存在同一性，也具有自身的鲜明特点。

一、工程支援指挥活动

作战指挥活动是复杂的思维与行为过程。工程支援指挥员为确保达成作战目的，必须清楚掌握情况、定下决心、计划组织、作战控制等方面指挥活动的基本特点与方法，以此指导作战指挥实践，提高作战指挥成效。

（一）基于网信体系共享工程支援信息

基于信息系统的体系作战，指挥信息系统的互联互通保证了工程支援信息的实时共享，其强大的逻辑、计算能力保证了工程支援信息的快速分析处理，为工程支援分队遂行工程支援行动提供了条件。工程支援指挥员与上下级基于指挥信息系统根据工程支援作战需求和相关级别，相互分享交流所占有的各自作战所需的工程支援信息，以达到对工程支援信息的精确共享和充分运用。在进行工程支援信息共享过程中，应特别注重三个方面的内容。一是信息处理。工程支援指挥员需依托指挥信息系统，首先对所获取的工程支援信息真伪进行辨别，防止虚假信息的危害；其次对工程支援信息的价值进行评估，确定工程支援信息的准确性、时效性、重要程度，而后对其进行合理区分、科学设定优先等级。二是信息传递。及时、有效地将加工、处理过的工程支援信息传递到上级指挥机构及所属分队手中，成为工程支援指挥员必须具备的能力。应借助指挥信息系统的网络化功能，综合运用各种传输手段，合理选择信息传递的方式，赋予信息系统相关的推理、处理规则，根据工程支援信息的时限性确定优先等级，并对照相关数据库，使工程支援信息快速传输到使用者手中，保证按照由急到缓，由重到轻的原则传输工程支援信息。三是信息安全。要能够采取各种手段措施，控制电磁泄漏，防止"病毒"及"黑客"入侵，保证整个指挥信息系统的安全。要将传统的信息传递方式与基于信息系统的体系作战中的网络化、系统化的传递方式灵活结合，增强工程支援信息传递的抗干扰、防窃取能力，保证工程支援信息传递的安全。要建立完备的工程支援信息备份预案，当工程支援信息安全受到危害时，根据预案快速反应，对工程支援信息进行快速恢复，将损失降至最低。

（二）基于行动需求筹划工程支援方案

在信息系统的体系作战任务多、战场形势复杂的情况下，工程支援分队可能同时遂行一个或多个工程支援任务，这些任务有可能是上级所赋予的，也有可能是被支援对象根据需要主动提出的，且存在多个支援任务都在主要作战方向上并均对作战行动有产生重大影响的可能。这就需要工程支援指挥员深刻领会上级作战意图或把握被支援对象作战意图，对支援任务的性质、位置、作业条件以及周围各支援实体的位置、装备情况、保障能力及支援任务对作战全局影响的重要性进行分析，根据工程支援任务的难易程度、支援实体的实际支援能力和装备情况进行分析，认真细致地筹划工程支援方案。

工程支援指挥员在拟制决心方案时必须按照符合多样性、系统性、创造性、可变性的原则，制定出多个预案，充分考虑不确定因素对方案的影响，特别是战场情况的发展变化对方案实施的影响。作战中，工程支援方案必须是与支援上级指挥机构或者其他军兵种单位密切相关的，有的工程支援方案甚至是在上级作战方案的基础上形成的。因此，在对工程支援方案进行评估时，应当充分利用信息系统，关注瞬息万变的战场态势，紧密结合上级指挥机构或被支援单位的相关决策、下级分队支援能力及相关反馈信息。方案评估后，工程支援指挥员应当充分听取上级指挥机构或被支援单位指挥部门的意见，并合理决策做出决断，选择最优的决策方案。

（三）基于动态协同组织工程支援计划

基于信息系统的体系作战，作战节奏加快，战场情况瞬息万变，许多情况战前无法预测。工程支援计划首先受到上级指挥机构及被支援部队作战计划的影响，还受到战场态势变化的影响，出现需要随时改变工程支援计划的可能性更大，因此在基于信息系统的体系作战中，工程支援指挥员更应具有动态计划的能力。工程支援的动态计划，既要考虑到上级作战计划的改变、自身作战任务的突发性，又要兼顾到支援单位作战任务的突变性，当上级作战计划变化、自身任务出现突发状况或被支援单位行动出现突发状况对己方任务有所影响时，在上级统一指挥框架下或与支援单位协同下对工程支援计划实时修改更新，动态完善。此外，工程支援力量还应当具有组织协同能力，主要包括细化上级整体协同计划，包括与情报、防化等其他支援力量以及与其他工程支援力量之间的协同；在原协同计划遭到破坏后，自主组织与相关单位的协同。一方面，在影响全局的主要方向、主要工程支援行动上，在上级指挥机构的组织协同下与有关单位进行实时同步协同；另一方面，对部分协同计划的细节及对行动全局影响不大的相关内容，可在上级指挥机构的授权下由相关单位自行组织，如果出现问题及时进行修正。

（四）基于实时态势实施工程支援控制

基于实时态势组织实施工程支援行动控制，就是指工程支援指挥员依托指挥信息系统实时精确地对所属力量遂行工程支援行动进行调控纠偏，保持各工程支援单元的协调一致和有序行动。

首先，必须对相关战场态势进行实时准确感知。对整体态势、支援对象态势感知，可依靠共享的战场态势图、上级或支援单位传送的相关信息达成。工程支援力量应主动从上级指挥机构相关侦察结果中获取相关的战场工程信

第六章 工程支援指挥

息，为己所用，还应利用相关战场监视设备，实现对支援作业情况实时监控。未来，可将重型冲击桥、破障车、装甲工程车等装备升级为"可视化"装备，将战场的相关情况实时传递到指控终端，在支援目标被敌打击或摧毁时，及时做出情况判断，并采取合理措施，达到具备对相关支援目标的全程跟踪、全程感知、全程管理。

其次，必须围绕上级作战意图实时调控相关工程支援动作。工程支援力量依托一体化的网络，借助战场态势共享及"互联、互通、互操作"能力，围绕上级总体意图，与相关单位共同协商调控完成任务。工程支援力量在对所属工程支援单元和与己无隶属关系的支援单元之间实施实时调控过程中，由指挥员发出协调信息，同时上级指挥员与指挥机构也可以直接获知相关信息，在不影响其他作战行动及整体态势的情况下，由工程支援相关力量自行协调。

最后，必须对工程支援行动进行实时精确的作战效能评估。一是建立合理的评估指标体系。要对效能评估内容划分层次结构，给出指标的评定数值，对其进行量化处理，根据遂行工程支援任务不同确定各层的指标权重，对各指标在反复筛选和进行动态平衡后完善评估指标体系。二是合理利用相关评估方法。应当综合定性与定量相结合、动态与静态相结合、传统与新奇相结合的方法，选择不同的场合及时机使用，力求评估的高效、精准。三是合理运用评估结果。工程支援力量在效能评估后应认真梳理分析发现的问题，并以评估结果为依据，做出准确、合理、适应形势发展的判断，以达到通过评估检验修改相关预案的目的。

二、工程支援指挥流程

指挥流程是工程支援分队指挥员为圆满完成工程支援任务，以快速高效获取、传输、处理和利用指挥信息为核心进行指挥活动诸事项及其实施的顺序与步骤，是作战指挥程序在信息化作战环境中的表现形式。按照信息化联合作战进程，可分为作战准备、作战实施、作战结束三个阶段，每个阶段的指挥活动既有共同点，也有不同点。按照程序实施指挥，对于按照指挥规律办事，提高指挥效率，加快工作速度，紧张有序地完成工程支援任务具有重要意义。

（一）作战准备阶段流程

1. 传达任务、计划安排工作

工程支援分队指挥员受领工程支援任务后的主要工作，一是传达任务，部署工作。传达的内容主要包括：上级作战意图，本级任务和得到的加强，友邻的任务等。传达的方式，通常可采取会议传达，时间紧迫可分头传达或使用通信工具传达。二是下达预先号令。受领任务后，指挥员应迅速向分队下达工程支援预先号令。其内容主要包括：分队将要遂行的任务；应进行的准备工作和完成的时限；分队指挥员受领任务的时间和地点；注意事项等。三是计划安排工作。认真分析各项准备工作的相互关系，分清工作的主次缓急，围绕主要工作尽可能同时或交叉展开其他工作，以加快工作进度。要按上级规定的总时间和各项工作的主次轻重，合理分配时间，保证各项工作能在规定的时间内完成，并注意给分队较多的准备时间。最后以此为根据拟制计划组织工程支援工作日程表。

2. 组织工程侦察

指挥员受领工程支援任务后,应根据首长意图或上级的侦察指示,立即组织力量对作战地区实施工程侦察,收集战斗地区内与工程支援有关的工程情报资料。由于工程支援兵力较少,所要实施侦察的地域广阔,再加上现代战争爆发地点的不确定性,支援地区与驻地距离较远,光靠工程支援力量是不够的,应积极利用合同侦察力量。还可利用上级提供的情报资料,如敌情通报、战区兵要地志、航空侦察资料等,及时查明战场情况。当支援地区距驻地较远时,一般不派工程支援力量实施侦察,主要依靠上级提供的情报资料。当支援地区距离驻地较近时,应派出工程侦察力量对工程支援地区实施工程侦察和勘察。

当组织工程侦察时,应拟制工程侦察计划,内容通常包括:侦察地点及需要查明的事项;编组的数量、兵力和执行分队;侦察往返路线及运动方式;侦察时限;报告侦察情况的时间、地点、方法等。组织指挥侦察行动,对获得的情报要进一步查证核实,并及时报告首长和上级指挥中心,通报各分队和友邻。在组织侦察和搜集情报的过程中,要特别注意情报的及时性、完整性和可行性。

3. 收集情报信息,形成初步决心

为保障指挥员适时定下正确的决心,应根据工程支援任务和上级指挥员指示,全面地搜集情报信息。其内容通常包括:敌情、我情、地形、气象、水文、工程等资料。在广泛搜集,准确分析、计算、检验各种资料的基础上,形成初步决心。收集的情报信息主要包括:敌工程兵兵力和工程措施情况；战斗地区内的地形、道路、桥梁、渡口、地质、水文和气象等情况对战斗行动的影响；原有工程设施可供利用的程度；分队遂行工程支援任务的能力；当地可提供的人力、物力和资源等。建议的主要内容包括：需要采取的工程支援措施；工程支援作业的任务区分及开始和完成的时限；工程支援力量运用方案；工程支援作业中的协同事项；工程支援器材保障等。

4. 组织现地勘察

为使指挥员准确地了解工程支援行动的有关情况、敌情，熟悉地形，定下符合客观情况的工程支援决心，工程支援分队指挥员应组织现地勘察。现地勘察的主要任务是：查明分队预定展开地区内的地形、道路、水源、气象、疫情、社情和当地人力、物力等资源情况；选定前送后送道路；确定所属力量的配置地域和预备配置地域及其进出路线；预测敌人可能突入的方向和地区以及对我威胁程度；明确防卫重点和隐蔽伪装措施等。

现地勘察，通常采取集中勘察，时间紧迫时，也可采取分区划片勘察。当受条件限制不能进行现地勘察时，应充分利用电子地图、军用地图、沙盘等进行分析。为保证勘察顺利实施，勘察前应拟定勘察计划。现地勘察计划内容包括：参加人员及编组；勘察的时间、地点；在各点解决的主要问题；勘察路线及注意事项等；准备有关资料、观察器材和交通工具；严密组织警卫、伪装和通信联络等保障。现地勘察时，应根据现地勘察计划，组织有关人员准时、安全地进入勘察点；向参加现地勘察的人员介绍敌情、地形情况；协助指挥员解决预定的问题；全面、准确地记录（录音、录像）和标绘指挥员勘察中明确的问题和指示；检查、帮助下级指挥员正确理解任务；保障现地勘察人员的安全和适时组织转离勘察地点。

5. 定下工程支援行动决心

工程支援行动决心，是工程支援分队指挥员对工程支援任务和行动所做的基本决定。适时定下决心，是工程支援分队指挥员指挥活动的核心内容。为使工程支援决心符合客观实际，工程支援分队指挥员应全面了解任务、迅速查明情况、果断做出情况判断，在此基础上定下支援决心。决心主要内容包括：工程支援的主要任务、完成工程支援任务的主要措施、任务的要点、各分队的任务、完成任务的时限及器材分配等。工程支援决心定下后，应报上级批准。

战斗过程中，工程支援分队指挥员要通过坚决、快捷的组织指挥，确保工程支援决心的实现，并根据情况变化适时修正决心，按照变化的新情况、新要求实施组织指挥，以争取工程支援行动的主动权。

6. 下达工程支援行动命令

工程支援行动命令，是组织实施工程支援行动的主要依据，也是指挥员决心的具体表现形式。指挥员定下决心后，应迅速将有关内容以命令的形式下达给所属力量。命令通常由分队指挥员具体拟制，经上级审批后，下达所属分队执行。命令必须简明、准确，便于下级理解执行。其主要内容包括：作战企图和基本任务；工程支援重点任务和主要对象；建制及配属力量的编组、配置与任务区分；主要物资器材储备规定；其他力量的使用区分；防卫部署；

指挥所或指挥观察所开设的时间、地点；指挥员代理人；完成战前各项准备的时限等。

除命令已经明确的内容外，还需向所属力量明确的事项和有关措施，可以补充下达各项指示。对支援对象须知晓的事项，可以以通知、通报等形式传递信息。

7. 制订工程支援计划

工程支援计划，是工程支援分队为遂行工程支援任务而做的预先安排，是分队指挥员决心的具体化和延伸。拟制计划的内容要详细、准确、明了，便于执行。其主要内容包括：工程支援项目、位置、工程量和所需的作业力；完成工程支援任务的方法和要求；各分队及民兵参加工程作业的兵力、任务区分及完成任务的顺序、时限，工程兵兵力的使用；工程器材保障和工程装备技术保障等。对编入战斗队形中的各分队，计划中还应根据工程支援指示，明确其编成、配置地域、报到的时间和地点等。拟制计划的形式应根据需要和使用方便灵活选用，可采取表格式、地（要）图注记式、网络图式和文字记述式。

工程支援计划的拟制，要从最困难、最复杂的情况出发，通盘考虑，科学筹划；统一安排使用所属力量，发挥整体作战效能；把需要与可能结合起来，突出重点，兼顾一般，留有余地，力求简明、具体，便于使用。

8. 组织协同动作

为保障工程支援行动能与支援对象战斗行动相协调，工程支援分队指挥员应参加上级指挥机构组织的协同动作计划的制订，根据战斗的不同时节的战斗任务，明确所属及配属分队在工程支援中各个时节的具体任务和行动方法，协同信（记）号等。组织协同动作时，应及时提出工程支援行动有关的协同建议或提供资料；记录和标绘指挥员明确的问题；检查和了解各编组对协同中有关工程支援行动事项的理解情况。组织协同动作后，应及时补充修改协同动作计划。有条件时，组织有关编组利用沙盘、地图进行演练或运用自动化指挥系统进行模拟演练。

9. 组织各项保障准备

工程支援分队指挥员应根据保障计划，组织所属力量认真进行各项专业保障准备，主要包括物资保障准备、经费保障准备、卫生保障准备、运输保障准备、装备技术保障准备等。

（1）物资保障准备，主要是对作战所需油料、给养、被装、战救药材、野战营房等通用物资进行请领与补给；确定就地筹措物资的方式方法。

（2）经费保障准备，主要是对作战所需经费进行请领与补给，确定经费供应方式方法，根据战时财务和经费管理要求，制定经费管理规定等。

（3）卫生保障准备，主要是对作战各阶段遂行工程支援任务时卫生减员进行预计；确定伤病员救治与后送原则、顺序和方式方法；制定卫生防疫和防护措施；组织所属战斗员进行自救互救训练等。

（4）运输保障准备，主要是检查、维护保养各种运输工具；根据运输条件和保障需求筹措相关运输工具；根据保障需要确定运力使用原则、运输顺序和运输方式方法等。

（5）装备技术保障准备，主要是迅速请领与补充所需后勤装备；组织技术力量，对损坏的后勤装备进行收集、修理和后送。规定后勤装备抢修原则、方式和顺序。

10. 组织通信联络

通信联络是保障工程支援指挥的基本手段。应根据通信联络计划和现有通信能力等情况，主动与通信保障部门协调，组织工程支援的通信联络工作。内容主要包括：工程支援兵力内部通信联络的组织、任务区分；工程支援力量与指挥所之间的通信联络组织；通信联络中断的恢复措施；通信联络的规定和密语通话的使用；通信保密的有关规定等。

11. 组织临战训练

临战训练，是工程支援力量在临近作战的有限时间内进行的应急性训练。临战训练应以应急训练为主，遵循突出重点、急用先训的原则，选择急需、实用的内容，有重点地进行突击强化训练，力争在较短的时间内提高实战条件下的工程支援能力和防卫能力。训练中，采取灵活多样的方法，加大训练强度，缩短训练过程，提高训练效果。

12. 检查指导各项准备工作

当各项准备工作进行到一定程度或准备工作结束时，工程支援分队指挥员应组织人员对战前准备情况进行检查与指导。检查的内容主要包括：对上级命令、指示的理解和执行程度；各项准备工作的进展和落实情况；所属单位对准备工作的建议和要求等。检查中发现问题应及时解决，确保在规定的时间内完成各项准备。检查结束后，要及时报告准备情况。

（二）作战实施阶段指挥流程

作战实施阶段，战场情况异常复杂，变化急剧。工程支援分队指挥员必须根据工程支援决心和工程支援计划，结合作战进程各阶段工程支援情况，采取多种方法，实施全面、重点、不间断的指挥。

1. 部署工程支援力量

工程支援分队指挥员应适时组织分队向工程支援地区开进，部署工程支援力量。其主要工作包括：查明开进地幅内的敌情和道路、桥梁、渡口、隧路等情况；拟制开进计划；组织开进中的调整勤务、通信联络、警戒及后勤保障；掌握开进情况，加强开进中的组织指挥和对意外情况的处置，确保按时到达工程支援地区。开进时通常统一计划组织，工程兵分队执行任务的地区较为分散或必要时也可按计划自行组织实施。

2. 搜集掌握信息

在遂行工程支援任务过程中，工程支援分队指挥员应以多种手段积极搜集和掌握与工程支援任务有关的各种信息。这些信息主要是：敌行动企图、作战手段及对我工程支援的影响；我战斗进程、任务区内其他部（分）队的行动及对工程支援的要求；上级指挥员对工程支援的要求及自身支援情况；地方力量使用情况；作战物资消耗、人员伤亡和后勤装备损坏情况；战场环境变化情况；工程设施、伪装与防护情况等。在作战过程中，工程兵分队指挥员应主动与上级指挥机构、任务区内其他部（分）队保持密切联系，及时了解和获取各方面的信息，这是实施有效指挥的前提。

3. 分析判断情况

作战过程中，工程支援分队指挥员将连续不断地搜集掌握大量工程支援信息。为使这些信息符合客观实际，为决策服务，指挥员必须对所搜集和掌握的各种信息按照去粗取精、去伪存真、由此及彼、由表及里的方法进行分析和判断。主要是判明情况的真实性和可用性。信息化战争，战场情况复杂多变，信息量大，但由于信息传递误差和敌电子干扰等因素，容易使一些情况模糊，信息真假虚实难辨。因此，指挥员必须对搜集和掌握的各种情况进行认真的分析研究，判断情况是否真实、可靠。尤其判明情况的缓急和重要程度，从纷乱复杂的信息中找出真正影响工程支援的关键因素，以便从多种需求关系中确定工程支援重点，从而使指挥决策更加科学、合理。

4. 调控工程支援行动

作战过程中，协调和控制工程支援行动是工程支援分队指挥员指挥的核心内容。信息化联合作战，情况复杂多变，战前制定的工程支援方案和计划不可能完全符合战中情况的发展变化。因此，指挥员应根据作战发展变化及上级指挥员的决心，及时对工程支援方案和计划进行必要的调整和修改，通过对工程支援行动不断指导、协调与控制，采取相应的措施，及时纠正支援行动中的偏差，以适应战中情况发展变化的需要，确保工程支援目标实现。指挥员还要根据支援行动目标检查调控执行情况。当执行情况与支援任务目标出现偏差时，要分析偏差原因，采取纠正偏差对策，使工程支援行动与任务目标相一致。要不断加强信息反馈，随时协调各种力量之间的行动，直至实现最终目标。

（三）作战结束时指挥流程

作战结束时，工程兵支援指挥员应根据上级的意图，做好下列工作：适时收拢保障力量；及时派出力量打扫战场；组织人员迅速清查物资和器材的消耗、损失情况，并申请补充；组织卫生力量和运输力量突击救治和后送伤病员；组织修理力量抢修损坏的装备器材；收集和处理战缴物资；迅速健全支援力量各级组织，尽快恢复工程支援能力；认真总结经验教训，报告情况；按照新的任务、计划、组织工程支援行动。其主要工作包括如下内容。

1. 拟制撤离（转移）计划，下达撤离（转移）命令

撤离（转移）计划的内容通常包括：撤离（转移）的时间、顺序、路线和到达的位置及时限；撤离（转移）时的指挥和各种保障；撤离（转移）准备工作的内容及完成时限；有关注意事项等。

计划经批准后，应根据指挥员的指示，迅速拟制和传达撤离（转移）战场命令，其内容是：撤离（转移）的时间、顺序、路线和到达的位置及时限；掩护分队的编成、任务、掩护方法和撤离（转移）的时机；对空防御的组织；移交工程、后送伤员和战俘的方法，处理缴获的武器、装备的方法；撤离（转移）过程中的指挥和保障的组织；完成撤离（转移）准备工作的时限及注意事项等。

2. 加强撤离（转移）中的指挥

指挥员应根据撤离（转移）计划，及时检查指导各分队做好撤离（转移）的各项准备工作，督促各分队按规定迅速撤离（转移）战场。在撤离（转移）过程中，指挥员应加强与各分队的通信联络。在撤离（转移）过程中，应与掩护部队保持密切联系，及时通报有关情况，请求掩护，以保障部队安全撤离（转移）；部队到达指定位置后，应迅

速组织部队疏散隐蔽，构筑必要的工事并加强伪装，组织部队休整。同时，及时收集部队撤离（转移）情况，向首长和上级报告。

撤离（转移）战场时，指挥员应注意分析判断情况，及时定下撤离（转移）决心，审批撤离（转移）计划，下达命令，并及时处置部队撤离（转移）中的各种情况。

3. 组织总结作战经验

总结经验，应结合有关敌情、地形和我情，着重总结遂行工程支援任务所采取的措施和方法，指挥、协同以及运用工程装备、器材的经验教训。为使上级指挥机关及时了解工程支援行动的情况，还应及时收集本次工程支援行动的各种情况，拟制并上报战斗总结或报告。战斗报告的主要内容包括：战前敌我态势和敌作战企图；本级任务及决心部署；遂行工程支援任务的经过，主要战果及人员装备器材损耗情况；主要的经验和教训等。组织作战经验总结时，指挥员应同时对作战指挥情况进行梳理、总结，为指挥后续作战任务积累经验。

三、工程支援指挥方式

随着作战指挥手段的飞速发展，特别是指挥信息系统的不断发展和成熟，工程支援指挥方式也必将发生根本性的变化，单从四种基本指挥方式很难描述具体指挥方式的发展变化。不断增长的信息能力，以及基于信息系统体系作战的新需求，对工程支援指挥方式的变革提供了重要牵引，从不同角度对工程支援指挥方式进行描述和分类，是工程兵作战指挥手段发展进步的必然结果。

（一）全程协同的一体指挥

基于信息系统的体系作战中，工程支援对象是遂行联合作战或合同作战的合成部队，工程支援力量的运用成为联合或合成作战指挥的重要内容之一。因此，必须把工程支援指挥纳入一体化指挥范畴，统一筹划、统一组织，工程支援指挥员必须在上级指挥机构的统一协调下实施一体化的作战指挥和控制。过去那种以编制体制为基础的树形指挥结构已经无法适应基于信息系统的体系作战指挥的需要，工程支援指挥将随着一体化作战的进程不断变化和调整，工程支援力量听命于谁的问题将取决于体系作战指挥的需要。体系作战体现在指挥方式上的最大变化就是工程支援指挥既要能够融入一体化的作战指挥体系，也要将自身的内部指挥方式融合为一体化的指挥。

（二）异地分布的交互指挥

传统指挥方式，指挥机构各指挥要素须高度集中、"面对面"地进行指挥活动，采用逐级"串行"的作业方式，指挥效率低、风险性高。通过网络化指挥信息系统的运用，各级指挥机构或同一指挥机构内各指挥要素之间能够采用异地分散配置、分布交互的组织模式，各指挥要素之间、上下级之间能够共同感知作战态势，并行展开指挥活动，实现分布式联合决策、异地交互同步指挥，提高了指挥效益和指挥的可靠性。当前，异地分布交互指挥能力，受通用态势图掌握运用不够、交互用语不统一、机制不健全、缺乏规范等因素的制约，其优越性尚未得到体现。在未来作战中，工程支援指挥也将实现以网信体系支撑的异地分布式同步交互决策与指挥。网络化的指挥控制系统，可以保证多级指挥机构和各指挥部门在几乎相同的时间，同步获取战场情况信息。因此，就指挥决策而言，不再是像过去那种需要逐级自上而下，或者需要逐级至下而上实施决策。围绕某一个战斗行动，或者作战环节，根据战场情况发展变化，多级多方向可以在网上实施同步决策，同时准备，共同实施，实现所谓的多点同步并行作战指挥，而不是传统的串式作战指挥。

（三）基于数据的精确指挥

传统的作战指挥方式，限于侦察监视能力、信息传递速度、态势共享程度、作战数据精度等条件，指挥人员对各指挥要素，只能进行粗略的估计与指挥控制。未来作战，指挥人员依托网络化信息系统提供的实时态势、敌我双方武器系统、战场环境等作战数据，以及作战计算、辅助决策、模拟仿真等量化分析功能，为指挥员决策提供精确的数据支撑，从而实现精确的指挥控制。目前，我们还习惯于基于地图、文书实施指挥，且存在支撑精确指挥的数据能力不足等问题。基于数据的精确指挥要求工程支援指挥系统或平台应具有强大的数据库管理功能、快捷的互联互通功能和高效的辅助决策功能。要能够建立工程支援行动与指挥决策的耦合关系，辅助指挥人员定下工程支援决心、制订行动计划和方案等，满足不同样式、不同对象、不同环境下遂行工程支援行动的需求。同时工程支援指挥信息系统还要具备高等级的安全保密能力，强抗干扰能力。能在复杂电磁环境下正常工作，且要位置隐蔽，并进行设备分散备份、设置迂回路，形成较强的抗毁生存能力。

(四) 盯着态势的实时指挥

与传统的"滞后"式指挥不同，网络化指挥信息系统能够缩短"从传感器到射手之间的距离"，实现从信息优势到决策优势，再到行动优势，达到"发现即摧毁"的目的。通用战场态势图提供涵盖诸军兵种作战需求的综合信息环境，各级指挥机构依托动态更新的战场通用态势图，精确掌握战场态势变化，及时把握战机，对部队实施实时、动态精确控制。从我军的现实情况看，对依托战场通用态势图，紧盯战场态势变化，临机决策、实时指挥的能力还有明显不足。未来基于信息系统的体系作战中，工程支援行动指挥员必须依托先进的指挥信息系统，实时掌握全维战场的情况，掌握了解工程支援信息，监督控制工程支援行为，甚至直接控制重要的工程支援装备平台，实现工程支援行动调整的实时化，从而适应一体化联合作战的需要。

(五) 直达末端的代码指挥

代码指挥，是将军事词语和作战指令编成英文代码和数字代码，利用代码进行指挥，从而发挥信息系统快速存储、处理与传递信息的优势，实现指挥信息系统与各类终端及武器平台的信息交互和直通式指挥。而且，代码指挥更具有保密性、安全性、快捷性和实用性。代码指挥是数据指挥的本质体现，是实现高效、实时指挥的方法与途径。目前，我军还习惯于"文书指挥"，对代码指挥研究实践不够；此外，相关指挥代码、命令数据及格式未能完善和统一。工程支援指挥要融入基于信息系统的体系作战指挥中实现代码指挥，就必须实现指挥的标准化。一是采用一体化技术标准，制定统一的工程兵作战指挥系统接口，加强相关软件研制，并使其标准化、系列化、制式化，与联合作战指挥系统高度兼容，建立无障碍、安全的多系统智能融合体系；二是明确的指挥关系和职责；三是规范化的指挥流程；四是统一化的指挥用语；五是标准化的指挥文电、情报信息格式。只有实现了以上五个方面的标准化、统一化，才能实现工程支援指挥与一体化指挥装备平台之间的互联、互通，才能真正实现直达工程支援末端的代码指挥。

第七章　工程支援行动

工程支援行动是指工程支援分队通过力量编组，采取各种工程支援措施实施支援作战的一种战术行动。在实战中工程支援行动多样，主要包括：工程信息支援行动、排除障碍行动、布雷设障行动、开辟通路行动、开设指挥所行动和工程伪装行动。

一、工程信息支援行动

（一）行动特点

信息化战争中，由于战场的透明度和作战行动的快速性、突然性、连续性、破坏杀伤性空前提高，使工程信息支援行动信息化要素体现得更突出、更明显。

1. 敌监视严密，工程信息侦察与获取困难

随着信息技术在武器装备中的应用，监视器材和反侦察装备广泛用于战场，敌会对我一切行动进行严密监视，同时对其重要目标采取各种工程措施进行严密的警戒、封锁和防护。工程信息获取困难，必须做好充分的精神和物质准备，编成精干的侦察小分队，缩小行动目标，提高灵活性和机动能力，充分利用有利地形和时机，巧妙伪装，

隐蔽行动，秘密接近目标，运用各种手段，在友邻、民兵和人民群众的支援配合下，完成侦察任务。

2. 作战环境复杂，工程信息支援行动独立性强

未来信息化作战，战斗节奏快，各种行动转换迅速，各种情况都可能随时发生，为了获取和传递敌人重要工程情报信息，工程信息支援行动范围渗透至敌纵深，活动于敌人"心脏"。在这种异常艰苦、复杂困难的环境中实施信息侦察获取和传递，随时都会受到较大的敌情威胁，且得不到上级及友邻的支援和配合，侦察行动的独立性强。因此，必须做好充分的精神和物质准备，严密组织各种保障，确保能够在恶劣环境下独立组织与实施行动。

3. 作战空间广阔，工程信息支援任务繁重

现代战争，由于信息技术和各种高性能机动平台的广泛应用，远距离、大范围的机动作战已成为常态，为创造或捕捉稍纵即逝的战机，作战部队一日内机动上百千米甚至数百千米已成为现实需要。为支援部队快速顺利机动，工程兵需要在较大范围内实施详细、周密的工程信息支援行动，为上级指挥员迅速定下作战决心提供可靠依据，因此工程信息支援任务将十分繁重。

4. 情报时效性要求高，工程信息支援时间紧迫

及时获取准确的情报，有效传递真实信息，是信息支援的根本目的。工程信息支援只有在规定的时限内获取所需的工程情报，才能不失时机地满足部队作战和遂行工程支援任务行动的需要。为此，必须采取各种措施，巧妙利用敌侦察监视的盲区和戒备疏忽，麻痹和意想不到的时间、地点，快速突然接触侦察目标，在确保情报资料完整准确

的前提下，快速作业，迅速撤离，并及时传递和共享工程情报信息。

（二）行动方法

1. 工程信息获取方法

工程信息支援力量通常采取直接侦察和间接侦察的方法，获取敌、我双方前沿或纵深内的有关工程目标的情报资料。

直接侦察是指隐蔽地接近目标，直接对工程目标进行测量作业或缴获敌工程装备器材新样品的侦察方法。直接侦察使用于能够直接接触目标情况下的侦察。采取直接侦察的行动方法时，应根据目标的位置、敌情、地形和上级对情报的要求，尽量利用夜暗和有利地形，交替运动，秘密接近目标。到达目标附近后，应首先排除目标附近的障碍物。侦察作业展开后，应对侦察目标进行全面的勘察和测量。为确保情报资料准确可靠，可多种方法并用。侦察完毕后，应及时转移或撤离。直接侦察运用时，根据获取情报的不同方式，可分为工程观察、潜听侦察、搜索侦察、抵近侦察、火力侦察、化装侦察、调询侦察等不同方式。

间接侦察是在直接接触侦察目标困难或只进行定性、定位侦察的情况下，采取观察、方位测量等措施，对侦察目标进行侦察的行动方法。采取间接侦察的行动方法时，应根据侦察目标的位置、敌情和上级对情报资料的要求，采取隐蔽的行动措施，抵近至侦察目标附近，占领便于观察、便于测量的位置。首先，应派出警戒掩护人员，对敌进行严密观察；其次，侦察组应对侦察目标进行详细观察，判别目标的性质，精确测量目标的位置，并参照站立点位置，调制侦察要图。侦察完毕后，应迅速转移或撤离。

2. 工程信息推送方法

工程信息支援力量实施工程信息支援时，通常采取全部推送、按需推送和用户查询的方法组织实施。

全部推送，是指工程信息支援力量把处理分析后的信息、专题图或专题报告等工程信息全部发给相关联的单位，各单位自行决定需求取舍的方法。缺点是容易加重信息系统负担，用户会接收大量冗余信息。

按需推送，是指指挥员或分队提出需求，工程信息支援力量向该指挥员或分队发送针对性需求信息的方法。缺点是用户不知道中心拥有哪些信息，提出的需求可能缺乏针对性。

用户查询，是指需要的单位可以根据权限按照自己的需要自行查阅在工程信息资源库里查找信息的方法。不管哪种方式，信息共享都不是无限制的共享，只有将信息在合适的时间传递给合适的用户，才能保证信息流转的顺畅，提高作战指挥效能。上级与下级共享的情报信息，首先要防止出现高密级的信息超越用户使用权限下达，其次要保证共享信息对下级作战的有用性，防止过多无用信息超过用户需求范围下达，造成信息使用效率不高。

（三）行动要求

针对现代战争条件下工程信息支援行动的特点，工程信息支援行动应贯彻快速准备、积极行动、密切协同、完善保障的基本要求。

1. 快速准备

信息化联合作战中，战斗准备的时间空前缩短，作战又对获取工程情报的时效性提出了更高的要求，这就要求工程信息支援力量受领任务后，指挥员要善于抓住工作重点，改进工作方法，尽快地完成信息支援准备，从而为行动实施奠定基础。而要做到这一点，工程信息支援力量必须在平时保持高度的战斗准备状态，具有快速灵活的反应能力。

2. 积极行动

工程信息支援行动通常是在敌严密监视、受到限制的情况下进行的。因此，必须采取积极的隐蔽、伪装措施，避开敌人视线，利用敌反侦察器材受限制的时机，采取适当的机动方式，迅速接近工程目标，沉着、果断处置各种情况，快速侦察、迅速撤离，以较小的代价换取可靠的情报资料。

3. 密切协同

现代战争条件下，只有将各种战斗力量在一定的作战时间和空间内密切协同起来，形成合力，才能发挥整体战斗能力。工程信息支援行动，必须根据上级总的作战意图，在严格执行上级协同规定的同时，充分估计和预见可能发生的最困难、最严重的情况，制定切实可行的协同方法，以便根据发展变化的情况，及时协调分队内部及与友邻的动作，只有这样，才能及时获取工程情报、资料，保障合成军队的作战行动。

4. 完善保障

随着科学技术的不断发展，过去战场观念中的"远"和"近"、"前方"和"后方"已变得模糊不清，时空观念中的"白天"和"黑夜"已不能完全区别对待。工程信息支援极可能在得不到上级及友邻的可靠支援和掩护下行动，其各种保障更加困难。因此，必须从最困难、最艰巨和全方位、全天候的情况下去考虑和完善战斗、物资、通信联络保障。只有这样，才能确保行动的顺利实施。

5. 速查速报

及时、准确获取重点工程情报，是合同作战对工程信息支援行动的基本要求。工程信息支援力量必须对侦察所获得的多方面的情报资料，进行正确分析辨别、去伪存真、去粗取精，不为敌军采取的反侦察措施和欺骗行动所迷惑，正确区分情报资料的价值和适用范围，抓住重点内容，充分利用现代信息传递手段，快速报告上级。

二、排除障碍行动

（一）行动特点

1. 任务艰巨，作业难度大

未来作战中，合成军队通常采取多线路、多方向、全纵深、有重点的攻击部署，首次投入突击的力量一般较多，需要克服的障碍数量势必增多，排障的彻底性要求高；另外，敌军非常重视障碍物的运用，通常在可能实施突破的地段，均辅以高技术障碍手段，构成多种类、多层次、宽正面、大纵深的障碍配系，强调障碍物与火力结合，对障碍物的火力控制能力强，使工程支援分队破障任务难度增加。

2. 全纵深连续战斗，时效性强

由于敌机动设障装备的快速发展，其在作战的全纵深内，可快速设置各种障碍物，使工程支援分队由过去只是在敌前沿前障碍物中进行，改变为在作战的全过程、战场的全纵深内连续实施。同时，作战的速决性明显提高，部队对通路的使用速效加快，要求工程支援分队必须在有限的时间内快速构成通路。所以战斗行动的时效性明显增强。

3. 隐蔽企图困难，受敌火力威胁大

敌军强调障碍物必须与射击火力和歼击地域相结合，并要求在障碍区附近广泛配置观察哨、大量设置地面自动报警传感器，加上敌空中战场监视能力强，工程支援分队的行动将面临敌地、空的严密侦查监视和敌炮兵及航空兵等火力的威胁，排除障碍作业隐蔽企图、伪装困难，被发现和受多种火力攻击的可能性增大。

4. 破障手段多样，指挥协调复杂

随着高新技术的发展和在战场上的运用，敌军障碍物的性能越来越先进，尤其是爆破性障碍物，由原来的单纯被动破坏型发展为主动攻击型。因此，工程支援分队在克服性能先进、种类繁多的敌军障碍物时，必须综合运用人工、机械、爆破、火箭爆破器等多种破障手段，确保通路的畅通。同时由于工程支援分队在作战中地位作用突出，因此已成为合成军队作战部署的主要战斗编组。在行动中，既要注重协调本队内部各分队之间的动作，又要注重与使用通路的部（分）队的协同行动，同时还要与上级指挥员或司令部保持不间断的联系。因此，在整个破障行动中，指挥协调将比以往任何时候都更加困难和复杂。

（二）行动方法

1. 伴随跟进，逐次排障

"伴随跟进，逐次排障"是指科学编组具有较强机动能力的工程支援分队在作战全过程随伴作战部队机动，采取逐次排障的方法，随时准备克服行进间的各种障碍，保障部队快速机动。它的特点是工程支援分队始终伴随作战部队行动，时间和空间配合紧密，适应变化急剧的战场情况，能切实做到及时迅速、时效性强，达到灵活机动、反应敏捷、及时高效的保障效果。在运用"伴随跟进，逐次排障"的行动方法时，一是工程支援分队作为战斗编组序列的一部分，要主动与被保障部队密切配合，尤其在作业时，被保障部队应及时提供各种火力支援，确保作业的安全；二是要区分作业任务的轻重缓急、作业量的大小及其难易程度选择恰当的破障方式；三是要搞好装备器材保障。对于战时损坏的破障装备和器材，要及时进行修理和补充，使其保持较好的连续作业能力。

2. 空地一体、边突边破

"空地一体、边突边破"是指利用地面和空中力量，以空地一体的火力行动，从空中和地面同时对敌障碍场进行破除，它是未来我军进行破障的基本形式。从前单纯依靠地面部队完成破障任务已经难以满足快节奏、高强度的信息化作战要求。在破障行动中采取地面秘密渗透和空中强行突入的方式在障碍场多点采取多种方法手段同时破障，将直前破障力量与突击兵力合成编组，在破障作业过程中由突击兵力直接对敌发起突击。这种方法使空中火力与地面火力密切配合，加快破障进程，提高破障速度，减少损失，空中力量可以从后方直接起飞，投入破障行动，有助于快速达成破障目的。此行动方法通常在我军掌握较多的空中机动和打击力量，地面破障力量向敌障碍纵深且不便于机动或投入兵力、情况紧急、需要配合上级实施战役攻击时采用。

3. 多措并举，灵活作业

"多措并举，灵活作业"是指合理使用制式破障器材，利用一切可以利用的时间和方法，不失时机地采用各种方法手段完成排除障碍任务，充分发挥其效能。制式破障器材是工程支援分队战斗力的重要组成，是遂行破障任务的物质基础。由于破障行动器材需求量、消耗量大，运输补给困难，因此需要在使用制式破障器材的同时，广泛收集利用就便器材，弥补制式器材和运力的不足，以提高排除障碍的速度和战斗能力。同时克服通路中的各种障碍是战斗的关键任务，作业难度大、时间要求急，障碍物的类型、正面、纵深、密度不同，受敌火力控制的程度也不尽相同，只凭一两种排除障碍方法是很难完成任务的。因此要灵活运用各种破障工程装备、器材，采取火力打、炸药炸、机械推和坦克压等多种破障方法，突然、快速、强行在敌前沿前或纵深障碍物中排除障碍，保障战斗分队迅速突破。

（三）行动要求

1. 先期准备，快速展开

工程支援分队在保障部队机动途中克服各种障碍时任务繁重、转换频繁，必须立足自我，重视战前准备。一方面，要根据作战地域内敌设置障碍物的情况，考虑其战时损耗，要科学计划，超前筹措各种破障与排除障碍相关的器材和装备；另一方面，在突击部队取得局部制海、制空权的条件下，应抓住有利时机，先期积极运送、储备各种破障装备器材，或采取空运的方式保障装备物资运送到预定区域，以保证能及时快速地展开作业行动。

2. 打破常规，灵活编组

由于未来工程支援分队克服敌障碍时间紧张、任务繁重、各种矛盾突出，因此工程支援力量要打破常规、灵活编组使之成为适应作战系统整体的最佳结构。一是编组要小，破障行动可以机群、炮群和工兵班排为单位编成若干个小型、精干便于机动的破障小组，在多方向上完成破障任务，实现战场指挥员的作战意图。二是编组兵种要全，空中火力和炮兵火力破障小组可适当编成侦察情报兵种，共享天基信息资源，作为地面引导，实现精确破障。工程兵破障小组以地爆分队为主，可编成少量通信兵、步兵和防化兵，完成联合破障任务。三是编组方式要多。工程支援分队既能单独的在多点多方向上执行破障任务，也能与各军兵种合起来实施联合破障，这就要求我们在进行破障力量编组时必须有多套方案。

3. 注重协同，合力破障

工程支援分队破障行动是在合成部队统一组织指挥下进行的，合理指挥、密切协同，对于最大限度地发挥诸军兵种群体的破障效能，确保实现"破得开"目标具有重要意义。一是加强破障行动之间的指挥协同，应明确各破障（群）队的作业位置、数量、开始作业和完成作业的时间；各队展开作业的位置、顺序、时机、进出路线和行动方法等。二是加强破障行动与火力支援之间的协同。在破障的全过程中，要根据破障的顺序确定火力运用的重点，充分利用上级火力准备效果，及时打开通路，以保障部队顺利通过障碍区，保持整个进攻的节奏。

三、布雷设障行动

（一）行动特点

1. 作战行动范围大，设障任务艰巨

由于敌人将大量坦克、步战车、飞机等广泛用于战场，其机动作战能力空前提高，敌不仅强调实施迂回、包围、渗透、突破和正面攻击，从对方的翼侧、结合部间隙攻入其纵深，而且强调实施大纵深及向敌后方实施战役、战术性空（机）降。所以，特殊障碍物既要在前沿设障，阻敌突破，又要在纵深机动设障，抗击敌多向、立体突击，使得设置特殊障碍物的任务极其艰巨。

2. 战场情况变化快，行动时间短促

战斗发起前，设置地雷等障碍物很难准确、全面地掌握敌人的行动和判明自己的展开地域，往往是在紧急情况下受领展开命令。为了争取时间，夺取先机之利，指挥员必须在最短的时间内指挥完成战斗，而且通常要在行进间进行。因此，要求设置特殊障碍物在配置地域隐蔽待机时，必须保持高度的战斗准备状态，确保能够快速反应、快速展开行动。

3. 战时影响因素多，指挥协同困难

布设地雷等障碍物通常是在敌我双方胶着在一起时，在敌我态势错综复杂的情况下预先定点设障或临机机动设障，需要临时确定行动的方式和战法，使得组织指挥和协同动作更加困难。因此，指挥员必须预先按任务、时间、地点等基本要素，制定多种行动预案，以备临机选取；行动中必须加强同上级和友邻的联系，及时掌握作战进程，准确判断有利的设障时机,正确指挥设障作业。

4. 侦察监视威胁大,战斗保障困难

布设地雷障碍物的行动通常在敌侦察监视和敌火威胁下展开。由于障碍设置队自身机动、防护能力较低,给战斗保障的组织与实施带来许多困难。因此,在设置特殊障碍物行动时,必须选择隐蔽的展开道路,采取恰当的机动方式,组织严密的战斗保障,以提高机动和防护能力。

(二)行动方法

1. 随队行进,全程阻滞

"随队行进,全程阻滞"是指伴随我军作战部队行进的过程中综合运用制式和应用设障器材根据作战需要随机快速设置各类爆炸性障碍物,全程阻滞敌地面机动。"随队行进,全程阻滞"时主要以火箭布雷排为主编成机动布雷分队,使用火箭布雷系统,对进攻之敌或增援、逃跑之敌,分别采用"拦阻""覆盖"等布雷形式全程阻滞,为防御部队实施打击创造条件。

2. 立体拦阻,多维牵制

"立体拦阻,多维牵制"是指在敌可能实施机(空)降地域或敌空(机)降部队低空机动的必经走廊上,选择有利地形,采取随机快速的方法设置空中拦阻、空飘地雷、空中烟幕及地面障碍物,形成空中地面多层次、多道障碍带,迟滞、干扰、阻止和毁伤空中机动之敌。其主要行动方法,一是地面阻炸。即在预定的歼敌地域或敌可能实施直升机作战的区域,预埋抛射炸药及手榴弹等,待敌直升机悬停时,实施突然爆炸或突然实施抛射,形成地面爆炸带,对悬停(慢飞)的直升机进行有效打击。同时,设置地雷障碍物，阻滞机降之敌着陆后的机动行动，为我打击机降之敌创造条件。二是空中阻滞。在敌机对我机动部队实施空袭（或其他空中打击）之前，向机动道路上的重要目标和附近地域上空，释放烟幕，形成一定高度、浓度和持续的"迷茫"烟幕墙，干扰敌空中观察，降低其侦察效果，影响其精确武器的命中精度，限制其作战效能的发挥。三是运用中、远程布雷系统，结合炮火拦阻，对进攻之敌实施远距离布雷，割裂其队形，迟滞其行动。

3. 划分区域，平行展开

"划分区域，平行展开"是指设障分队根据障碍物设置计划，在敌可能向我防御阵地开进、突击的地域预先构筑各种爆炸性障碍物和筑城障碍物。为加快作业进程，缩短设障时间，降低敌对我反机动设障行动的侦察概率，预先障碍设置队应按照障碍物的分类和设障装备器材的情况，将设障区域划分为适合不同设障分队作业的区域，将各装备和人员分别在不同区域平行展开作业，构设障碍物。

4. 轮换更替，持续作业

"轮换更替，持续作业"主要是指预先布雷分队采取轮换更替的方法，以持续实施作业。通常采用"三一法"，即三分之一的兵力装备在展开地域投入布雷作业，三分之一的兵力装备正在布雷地域与装弹地域之间往返，三分之一的兵力装备在配置地域装填弹药和实施维护。采取"轮换更替，持续作业"的战法时，指挥员应根据预先布雷的任务情况、配置地域与展开地域的距离和道路状况及兵力装备情况等因素，科学划分作业小组，合理安排作业计划，保证任务顺利完成。

5. 先主后次，逐步完善

"先主后次，逐步完善"是指预先设障分队应根据作战的需要在障碍物设置上有重点、有步骤按照先前沿后纵深、先主要方向后次要方向、先主要目标后次要目标、先横向后纵向的顺序进行，使阵地障碍物逐步完善。

（三）行动要求

1. 周密计划、精心准备

凡事预者立、不预则废。精心准备、周密计划是设障分队遂行特殊障碍物行动任务取得胜利的前提条件和基本原则。因此，在行动准备过程中，必须准确理解上级意图、厘清本级任务，深入分析研判形势、全面预测行动中可能出现的问题，做好思想、预案、能力、保障等各项准备工作。

2. 科学编组、密切协同

科学编组、密切协同是设障分队根据任务需要将各种力量进行整合优化，编配组合，协调一致，有效完成设障任务的过程。合理编组设障力量，密切进行协同动作，是在有限时间内完成设障任务的重要保障。

3. 隐蔽突然、出奇制胜

设障分队遂行特殊障碍物行动任务，力求做到隐蔽突然、出奇制胜，是顺利实现设障行动的重要前提，也是设置特殊障碍物行动中必须遵循的基本要则。为此，设障队应根据任务实际选择能够达成快速机动、秘密渗透、隐蔽接敌的有利时机、路线和方式，同时还应充分利用地形、夜暗和不良天候，以及采取适当的伪装措施来达成设障行动的秘密突然性，从而实现出奇制胜的目的。

4. 科学计算、精准实施

科学计算、精准实施，是完成特殊障碍物设置行动达成阻滞敌军行动的关键所在。科学计算是指受领任务后，对完成任务所需作业力进行精确计算，为确定力量编组和规模大小提供依据；对设障作业时装药配置、装药个数、装药数量进行精确计算，为确保设障效果提供参考；对机动、渗入、撤离所需时间进行精确计算，为提高指挥协同效率提供依据。爆破分队遂行设置特殊障碍物行动任务时，只有做到科学计算、精准实施，才能充分发挥其长处，有效完成设障任务。

四、开辟通路行动

（一）行动特点

1. 战场透明度大，作战环境恶劣

现代战争中，随着敌精确武器系统和夜视器材等高技术武器装备广泛应用于战场，战场透明度显著提高，使得隐蔽开辟通路行动的企图更加困难。战时工程兵担负开辟通路行动需要随伴、跟进保障，担负开辟通路任务的分队与作战部（分）队受到敌火同样威胁；同时，一些大型开辟通路装备目标容易暴露，防护和自卫能力弱，极易受敌打击。因此，现代战争中，开辟通路分队面临着恶劣的战场环境，行动的实施更加困难。

2. 敌火威胁严重，开辟与反开辟斗争激烈

世界各国军队在组织阵地防御时，十分注重障碍体系与火力相结合，特别强调"以火力掩护障碍，以障碍增大火力打击的效果"。随着机动设障装备性能提高，敌我双方

在敌防御阵地前沿围绕接近与反接近、开辟与反开辟、封闭与反封闭展开激烈角逐，斗争残酷激烈。因此，当我工兵分队实施开辟通路行动时，将面临敌全方位的立体毁伤威胁，而我军目前的开辟通路装备大部分防护性能弱，加上开辟通路作业强度大，使得开辟通路行动难度增大、效能降低，开辟通路分队的安全受到极大威胁，若没有有效的火力支援和保障，难以达到预期的目的。

3. 作战节奏加快，开辟通路的时效性增强

信息化战争中，由于战场透明度日趋提高，使得整个战场范围内机动与反机动的斗争异常激烈，交战双方都将充分发挥各自武器装备的优势，广泛实施地面、空中机动，并遏制对方机动，而且机动与作战紧密结合，常常会出现走中有打、打中有走、边打边走、机动与作战融为一体的复杂局面。这就要求开辟通路行动必须立足于机动中保障，作战中保障，以快速高效的工程措施确保作战行动的实时化，这对开辟通路行动时效性的要求明显提高。

4. 开辟通路行动器材消耗大，任务异常艰巨

为增加开辟通路的难度，敌人往往在阵地前沿设置多道障碍，形成种类多、型号杂的大纵深障碍场。开辟通路分队需要综合运用多项工程措施，在障碍场中进行长时间的作业或多次发射破障弹药，而通路的位置又相对固定，加上敌军强大的侦察警戒能力，使得开辟通路行动难以实施有效的隐蔽伪装，这不但增加了开辟通路装备的被毁概率，还大大增加了开辟通路弹药的消耗量，加之开辟通路行动直接面对敌火作业，作战力量损伤严重，为保证开辟通路任务的完成，必须为其提供持续的物资器材保障。而

突破敌前沿的一切行动又依赖于开辟通路行动的效果。在这期间，由于受战场环境和作战保障等方面条件的制约，火力准备时间有限，面对敌完备的障碍体系，开辟通路时间尤其紧迫。此外，担负开辟通路任务的兵力有限，作战行动对通路的需求量多、要求高，开辟通路任务将十分艰巨复杂。

5. 诸兵种协同行动，指挥协同复杂

开辟通路行动是以工程兵分队为主，加强少量的防化、通信及步兵等兵力共同实施的合同作战行动，既涉及工程兵分队内部之间的协同，又涉及工兵分队与其他兵种之间的协同，组织协同的内容多，程序复杂，使得开辟通路行动与火力掩护行动之间、开辟通路行动与作战行动之间、开辟通路行动与开辟通路行动之间的指挥协同更加困难和复杂。另外，我军目前工兵分队指挥控制手段有限，又处于敌电磁威胁环境之中，上述因素给指挥员的指挥带来极大的困难。在开辟通路过程中，敌必然要使用多种手段破坏我指挥与协同，将给开辟通路行动实施集中统一、不间断的指挥带来极大的困难，从而使得开辟通路行动的指挥、协同异常复杂。

（二）行动方法

1. 人工搜排法开辟通路

人工搜排法开辟通路，通常在夜间、浓雾等视度不良的情况下秘密实施，由人员利用探雷工具将地雷搜出并将其排除，形成所需要的通路。用该方法开辟通路，作业隐蔽，使用器材少，排雷较彻底，尤其适用于在设有耐爆地雷的地雷场中开辟通路。在山岳丛林地区，更适宜使用人工搜排法开辟通路。但该方法作业速度慢,受敌火力威胁大,如伪装措施不严密易被敌人发现。

2. 机械法开辟通路

机械法开辟通路是用悬挂在坦克、装甲车、工程车辆上的机械扫雷器或其他装置,在障碍物中开辟通路的行动。机械扫雷器是安装或悬挂在坦克、装甲车上的扫雷装置。按其主要方式可分为滚压式、锤击式、犁刀式和滚挖式四种。滚压式主要依靠滚轮的重力压爆地雷;锤击式主要依靠旋转链条或锤击的上下对地面的锤击作用引爆地雷;犁刀式主要依靠犁刀将地雷或三角锥等筑城障碍物铲出地面并推至通路以外;滚挖式则具有滚压式和犁刀式两种扫雷器的作用。

机械法开辟通路比人工作业速度快,而且作业比较安全。但也有其缺点:比如,犁刀式扫雷器主要用于Ⅱ级以下的土壤中开辟通路,在埋设深度不同的地雷场中扫雷时,会出现漏掉地雷的现象,在荆棘丛中开辟通路作业比较困难。机械法开辟通路装备在湿洼地行驶极其困难,在不平的地面或山坡上,被犁出而没有销毁的障碍物有可能重新落到已开辟出的车辙道路上。此外,机械式开辟通路器对于坦克磁场中发生作用的可操纵地雷,也是无能为力的。

3. 爆破法开辟通路

爆破法开辟通路,是利用炸药爆炸威力诱爆地雷(或使地雷遭受破坏而失效)以及炸毁其他障碍物而形成通路的行动。其主要方法有:人工爆破法、发射火箭爆破器和火箭扫雷弹爆破法等。通常在火力准备时节实施。用爆破法开辟通路的优点是:作业迅速、速度快,能够在进攻前突然在敌障碍物中构成通路，不过早暴露我军企图；使用火箭爆破器（弹）开辟通路时，作业人员在敌前暴露的时间短，可减少人员伤亡。其缺点是：易残留障碍物，在有耐爆地雷的障碍物中开辟通路困难。所以，用爆破法在障碍物中开辟通路后，还必须由人工对通路进行检查，扫除残留障碍物。必要时，要对通路进行标示。

（三）行动要求

1. 多法侦察，周密准备

对敌障碍物及其接近地和掩护火力的侦察，是开辟通路的必要前提，也是指挥员定下决心的重要依据。工程兵分队指挥员受领开辟通路任务后，应采取各种方式获取敌人有关资料，特别是敌人地雷场的前沿、纵深、地雷类型、布雷密度及形式等情况。除现地观察外，还可利用夜暗、浓雾等条件，派出小组进入障碍物中进行侦察。

开辟通路是一项艰巨而复杂的任务，必须做好充分准备，才能保证按时完成。指挥员在组织准备阶段，要周密制定作业方案，深入进行战斗动员，合理编组和明确分工，充分做好器材准备。在制定作业方案时，要充分预估作业中可能发生的各种情况，做好多手准备。作业分队内部以及与友邻分队、掩护分队周密地组织协同，明确协同的信（记）号。时间允许时应组织战前训练。

2. 重点集中，留有预备

指挥员应将主要兵力和器材集中用于主要方向的通路上。在一条通路中，要把防坦克障碍物作为克服的重点。要控制一定数量的预备兵力和器材，以应付紧急情况的需要和增强连续作业的能力。

3. 隐蔽企图，行动迅速

无论采用何种方法开辟通路，作业前要采取各种方法实施伪装和隐蔽，以免暴露我方开辟通路的企图。用人工搜排法作业时，作业姿势要低，不能发出声响；用各种爆破法作业时，要动作迅速，以最短的时限开成通路，从而减少伤亡和保障我军向敌人发起冲击的突然性。

4. 精确细致，全面彻底

通路的位置、宽度和方向力求准确，通路中的障碍物清扫要彻底，以保证我坦克和步兵安全地通过通路。用人工法开辟通路时，作业要仔细，作业手之间的间隔距离要适当以保证不漏过障碍物；用人工爆破法开辟通路时，装药的重量要符合要求，装药在障碍物中放置的位置及其间隔、距离要准确，并保证其确实起爆；使用各种火箭爆破器和火箭扫雷弹开辟通路时，要精确测定发射位置至敌人障碍物之间的距离，准确装定射角和射向，保证爆炸带（或扫雷弹）准确落在预定位置爆炸。用各种爆破法开辟的通路，要对通路进行扫残和标示。

五、开设指挥所行动

（一）行动特点

1. 作战行动多变，指挥所转移频繁

未来作战，敌空中和地面机动力量迅速发展，高技术的指挥、通信和远程打击能力提高，使现代攻防作战具有了高度灵活机动的特点，进攻一方可很容易地改变主攻方向，甚至主战场都可能随时改变，战场态势瞬息万变。同样，防御一方也可进行机动防御，充分利用广阔的战场空

间机动，达成战争胜利的目的。战争节奏快、高度机动、攻防转换频繁决定了指挥所需要频繁转移。在信息化作战条件下，原有的固定指挥工事已经不能适应现代快节奏、高机动性战争的要求，单纯依赖预先构筑好的指挥工事很难完成作战任务。这就要求利用模块化设计、按需组合、随伴部队机动的装配式野战指挥方舱；在不便于构筑工事的地区，也可利用装甲指挥车等机动和防护能力强的载体充当指挥所，以避开敌方的袭击，保证我方实施有效的、不间断的战斗指挥。

2. 隐蔽和伪装困难，受敌打击威胁大

移动式野战指挥方舱是机动式指挥所的重要组成部分，是提高野战机动指挥所生存能力的重要装备，主要用于伴随部队机动指挥。当前，我军已经发展了供军、旅用的移动式野战指挥方舱，并在部队的训练和演习中得以广泛使用。但是，随着敌高精度侦察监视技术、大威力制导武器的作战运用，对以移动式野战指挥方舱为主体的野战机动指挥所造成了严重威胁。

此外，作战地域多样，环境生疏、民情社情不清，敌可能采取隐蔽手段对我指挥所实施破坏。各作战对手的精确打击力量进一步加强，武器装备进一步更新，加之敌特分子破坏袭击，使我指挥所防护面临更大的挑战。

3. 器材保障复杂，行动的连续性强

现代战争意义上的指挥所并不是单一的指挥工事，而是指挥所阵地，在构筑指挥所的过程中，既要构筑多种掩蔽工事，又要完成设置障碍物以及实施伪装等任务，使得器材保障种类多、数量大，保障复杂；信息化联合作战战斗进程加快，战斗样式转换频繁，指挥所必须适时转移，因此，构筑指挥所行动将具有连续性强的特点。

(二) 行方方法

1. 分散配置，以散求存

传统固定式指挥所各单元因受通信装备和指挥控制装备联通距离的限制，只能以百米级或千米级进行疏散，整个指挥所仍然是一个相对集中的集群目标。采用方舱式指挥平台构成的指挥所，数量多、目标大、电磁辐射强，一个集团军指挥所配备的全部方舱和其他指挥车辆多达几十台，再加上各种通信车辆、情报信息处理车辆、电子对抗车辆以及保障车辆，一个庞大的车辆装备集团，极易被敌侦察系统发现。当一个指挥所的各组成部分距离少于300米半径时，在遭受对方齐射火箭系统或精确制导武器打击时极有可能全部或大部分被毁。当两个指挥所之间的距离在2~3千米时，在强电子定向干扰压制的情况下可能同时失去指挥能力。因此，指挥所必须进行分散配置，以散求存。

2. 巧用地形，正确选位

在不影响部队作战的前提下，为减少方舱被弹面，提高其抗毁伤能力。应采取进洞、靠山、隐形、遮蔽等多种方法，将指挥方舱"藏"起来，增强其隐蔽性。一是进洞式，即将指挥方舱设置在天然洞穴、公路隧道、矿山或坑道中，以避免炮弹及轻武器直接射击破坏；二是进沟式，即将指挥方舱设置在沟、渠内至少2~3个面可免受直瞄火器的射击贯穿破坏；三是靠坎式，即将方舱纵长边设置在土堆、石坎旁，则至少有1~2个侧面可免受炮弹及轻武器的直接射击贯穿破坏；四是构筑物式，即将指挥方舱设置在坚固的建筑物或工程构筑物旁，如低层钢筋砼房屋旁、钢筋砼或块石砌筑的挡土墙、围墙旁等，则可使 1~2 个侧面免受敌炮炸弹及轻武器直接射击破坏。

3. 隐蔽伪装，隐真示假

现代条件下机动作战，敌将在陆、海、空、天、电、网等多维空间，运用各种手段对我指挥所实施侦测定位。因此，必须采取各种隐蔽伪装措施反敌侦察，保障指挥所的安全。一是隐蔽开设。指挥所的开设应选择在夜暗或视度不良的条件下进行，并加强灯火管制，控制声响。昼间开设时，人员应穿带伪装衣帽、车辆罩伪装网，严格控制人员和车辆流动。条件允许时，应选择不同的方向、不同的路线疏散隐蔽地进至开设地域。二是遮蔽隐藏。遮蔽手段是对付敌可见光侦察有效的方法。因此，指挥所应尽量选择在不易被敌直接观察和探测到的地方，伪装应充分利用周围的自然条件遮蔽隐藏，对人员、车辆、器材等还要进行必要的遮挡。对指挥所各种指挥通信车辆、装备器材、各种掩体等，除了用人工构筑工事实施遮蔽隐藏外，还可利用普通伪装网等传统方法实施伪装。三是设假目标。针对敌侦察系统的弱点，结合自然地形环境，可在指挥所附近，制造各种假的指挥通信车辆、高架天线等，欺骗迷惑敌人，使敌侦察器材获得错误信息，降低被敌发现、袭击的概率。

（三）行动要求

1. 快速实施、灵活机动

指挥所稳定在一个地方的时间越长，被敌发现和破坏的危险性就越高。据有关资料介绍，适时变换指挥所位置，生存概率可达50%～60%；而经常处于运动中的指挥所，其生存概率可达70%～80%。因此，指挥所要在运动中求生存。野战机动指挥所构筑要把握时机，当动则动，不能盲动。要根据战场变化、交通条件、机动能力等实际情况，采取灵活多样的机动方式和方法。在机动方式上，可充分利用铁路、空运、水路、公路等多种方式机动。在机动方法上，可采取一次机动到位，也可分批逐次机动到位，必要时还可实施佯动。

2. 机固一体，安全可靠

适应攻防转换快、机动频繁、指挥时效高等作战特点，以车载式指挥所为基本指挥平台，在机动阶段和作战实施阶段实施动中指挥；在集结地域采取"方舱与构工"相结合的方式，减少开设时间，提高抗毁能力。

同时，在组织指挥所开设和运行过程中，必须着眼于指挥所安全问题，努力提高指挥所的可靠性和适应性，确保指挥所实施稳定、不间断的指挥。可靠性是指指挥所在没有受到敌方的干扰和破坏的条件下，自身工作能力指标的总和。从广义上讲，指挥所自身发生故障后的自我恢复能力，也属指挥所的可靠性。适应性是指指挥所适应战场环境的能力，也就是说，当战场环境发生变化，受到敌人的软、硬打击危及到指挥所生存时，如果指挥所能够通过改变自身结构、参数等来保持其功能从而在新的作战环境下继续发挥作用（或生存下去）的行为，称为"指挥所的自适应"。例如，指挥要素的疏散、多维配置等，都是指挥所通过改变自身结构、参数的方式，来提高自身的稳定性，以适应信息化作战指挥需要的一种自适应的行为。

3. 多法并举，提高生存

由于现代侦察监视技术及精确制导技术的迅猛发展，指挥所可能同时遭受多种手段的打击，使得安全威胁空前增大，这就要求指挥所构筑具有极强的生存能力，不仅要能抗击各种硬杀伤武器的打击，而且要能抗击各种软杀伤武器的干扰破坏。因此，机动式指挥所一方面要增强自身防护能力；另一方面是在安全威胁较大时能尽快实施构工和被复，增强生存能力，运用技术和简易伪装措施，改变指挥所形、光、电、声、热和红外线等外在形状和物理特征，消除或弱化指挥所与周围环境的差异。

六、工程伪装行动

（一）行动特点

1. 隐蔽战斗行动困难，部队生存面临威胁

随着信息技术在军事领域的广泛应用，使侦察监视系统的技术性能发生了质的飞跃。现代侦察监视系统包括光学、近红外、中远红外、卫星、雷达、激光、遥感、遥测等各种技术、手段和器材，具有侦察距离远、分辨率高等特点。侦察卫星的合成孔径雷达和热成像侦察仪，有较强的揭露伪装的能力，能够探测和识别埋藏于地下的目标。由此可见，侦察技术的发展已经在很大程度上领先于隐真伪装技术的发展，而隐真技术发展的滞后现象，在今后较长时期内还将继续存在，战场目标的隐真伪装难度将进一步加大。这些都对作战伪装保障提出了新的课题要求，要求在高技术条件下作战中对部队的作战行动和重要目标，实施全纵深、全方位、全天候和连续、可靠、迅速的伪

装，才能满足作战的需求，达到提高战场生存能力之目的。

2. 敌人侦察手段多，伪装技术要求高

现代侦察技术的迅速发展和在战场上的广泛运用，使侦察手段不断完善，目前已具备了较强的侦察能力。一是具有极高的侦察分辨能力。如美军的"KH-11"侦察卫星上的照相系统，在240～530千米的高度运行时拍出的照片，可以辨认直径1.5～3米的地面物体。二是具有较高的全天候工作能力。在海湾战争中，美军使用的"长曲棍球"卫星，其合成孔径雷达穿透云层、雨雾和夜暗，探测到了伊拉克隐蔽在树林中的导弹发射架，并发现了伊拉克隐蔽在地下3米深掩体内的坦克和装甲车。三是具有较强的综合侦察能力。由于高技术的广泛使用，使侦察系统已普遍将微波或毫米波雷达、红外成像仪、电视摄像仪、激光测距机等覆盖较多谱段的多种传感器组合在一起，形成多频谱综合侦察系统，从而大大提高了侦察的快速性和准确性。四是复杂电磁环境作战，提出了目标电子伪装的要求。上述侦察技术的发展和运用，对传统的伪装方法和手段提出了新的挑战，过去那种以遮、盖、藏等为主的单一伪装手段，已不能适应信息技术条件下作战的需要。隐真伪装技术要与之对抗，必须针对不同的侦察技术、制导技术，采取相应的伪装措施，以积极主动的干扰、诱骗手段，破坏敌人的制导系统。而传统的消极的、被动的伪装手段则难以有效地防敌侦察和精确制导武器的攻击。为此，应努力发展新的伪装技术，研制新型伪装器材，积极探索新的伪装作战方法，以适应信息技术条件下工程伪装的需要。

3. 作战节奏加快，伪装作业时间缩短

信息化联合作战，战场空间扩大，军队的机动能力和突击能力空前提高，战场情况变化急剧，作战样式转换频繁，要求获取、传递和判断处理情报、数据所占用的时间降低到最低限度。目前世界上发达国家军队的侦察监视系统普遍采取了快速获取情报、快速传递情报、快速判断情报、快速处理情报的技术手段和有效措施，从而大大提高和加快了战场侦察的时效性。如美军的大面积战区侦察系统，配有154部不同用途的计算机和处理机，其中AN/ATK-14（U）计算机每秒能进行6.25亿次运算，该系统的AN/ATR-3多模相控阵雷达可连续对侦察区域进行扫描，经计算机处理后可迅速将目标数据传送到地面终端设备，然后通过地面站引导飞机、导弹、火炮和机动部队对这些目标实施攻击，而这一整个过程多则几个小时，少则几分钟就可完成。由于侦察系统处理和传递情报的速度加快，侦察和攻击引导系统的一体化，使目标从被发现到被攻击之间的时间大大缩短，这就可能使作战部队和战场目标在来不及伪装和隐蔽的情况下，遭到敌人的攻击。由此可见，信息技术条件下作战侦察时效性的提高，使部队（分队）隐真伪装的准备时间十分有限，保障的节奏加快，完成任务的时间明显缩短，隐真伪装保障的时效性要求比以往更高。

4. 对抗范围增大，伪装任务繁重

在信息技术条件下，航天与航空技术的发展，极大地拓展了军事侦察的范围，军事侦察与监视的能力和水平发生了突破性的变化，无论是侦察的时域、空域还是频域，

都大大地扩展了，不仅能在地面上进行侦察，而且能从空中、海上、水下、天上对作战地区实施全方位、多层次、高立体、大纵深、多手段的严密侦察。目前，美军的卫星侦察系统可以连续监视约占地球面积 42% 的区域。在航空侦察方面，现代侦察飞机高度已达 30000 米以上，侦察距离达到 1000 千米；在陆军侦察方面，大型相控阵雷达、超地平线重新定位雷达以及电子信号侦察设施的侦察距离已达数千千米，AN/FLSS－50 远程搜索雷达，侦察作用距离达 4800 千米，能同时跟踪 100~200 个目标，陆军建制部队的侦察已扩大到近 200 千米。由此可见，信息技术侦察系统的密集侦察范围，可以覆盖对方的战术、战役、战略全纵深，能够适应全纵深攻防作战的需要，这将对我作战行动的战场生存构成巨大的威胁。这种高密度、全时空的侦察，使信息技术条件下局部战争作战中工程伪装的地位更加重要。在现代战场上，重要军事目标越来越多，隐真伪装所涉及的范围更广，工程作业量更大，从而使现代战场隐真伪装保障范围扩大，隐真伪装任务更加繁重。

（二）行动方法

1. 以藏掩真，严密遮蔽

"以藏掩真"是通过利用天然隐蔽条件和工程伪装技术手段，对战场重要目标实施隐蔽伪装，消除或降低目标暴露征候，使敌侦察器材难以探测和识别。具体方法：一是利用设防工程藏，在条件许可时依托平时战场工程准备时期建设的常备工程，把指挥、通信、装备等重要目标进行隐蔽；二是利用地形地物藏，通过改变地形起伏状态和斑驳程度隐蔽目标；三是利用非军事目标掩护而藏，把军事目标伪装成非军事目标，降低目标的重要性；四是有效规避而藏，在机动中求生存。"严密遮蔽"是通过运用制式伪装器材和就便材料对战场目标实施遮挡，隔绝和散射目标的各种暴露征候，使敌难以发现和识别。具体方法：一是光学遮蔽，包括设置人工遮障和施放烟幕；二是红外遮蔽，即用隔绝遮障和红外烟幕对目标的红外辐射进行隔绝；三是雷达遮蔽，如设置防雷达隔绝遮障等；四是综合遮蔽，即将上述手段综合运用，以提高遮蔽效果。

2. 以假乱真，诱敌上当

"以假乱真，诱敌上当"是运用假目标器材，根据地形特点和战术要求，模拟各种目标的物理特征，广泛采取设置假目标、构筑假工事和采取假行动等欺骗手段，使敌人错认目标，分散其注意力，或诱使其火力偏移目标，以减少我军损失和隐蔽作战企图。具体方法如下。一是多源仿真，以假伪真。通过对真目标的光学、红外、雷达、声音和烟尘等特征进行多源仿真示形，使假目标的"外形"和"内形"都达到与真目标一致的暴露特征，使敌难辨真伪，造成敌判断和攻击失误，包括光学仿真、雷达仿真、红外仿真和活动仿真。二是综合设置，以假乱真。在对目标难以实施完善隐真伪装的条件下，根据侦察特点、战术要求、目标特征等，采取真假分设、真假混设等多种方法和措施，造成真中有假、假中有真的效果，使敌侦察难辨真伪。三是把军事谋略巧妙地融入示假行动中，充分进行各种佯动，诱敌上当。

3. 烟迷器扰，巧布疑阵

"烟迷器扰，巧布疑阵"是指通过运用烟障、角反射器等干扰和诱惑型伪装器材，对敌侦察监视器材和精确制导武器进行干扰和诱惑，欺骗敌人的侦察，诱导敌人的制导武器偏离目标。具体方法如下。一是扰敌侦察。包括采取施放烟幕的方法干扰敌光学侦察监视系统；在目标周围施放红外烟幕干扰敌人的红外侦察系统；采取施放或者设置雷达干扰型器材，模拟目标的雷达回波和增强目标所处背景的雷达回波；针对敌传感器类型，模拟目标的动态特征，以各种设备和器材模拟音响、震动、电磁、压力和红外信息，以扰敌侦察。二是诱敌制导武器。运用制式伪装器材或就便材料模拟目标的信号特征，欺骗和引诱敌精确制导武器的制导系统，设置"陷阱"，使其不能准确攻击。包括光学诱惑、红外诱惑、雷达诱惑等。

4. 全面检测，及时完善

对作业地域内的目标实施检测时，通常采用预先检测和伴随检测的方法，全面检测目标的防光学、防红外和防雷达伪装效果，并及时完善伪装方案和措施。一是预先检测完善。预先检测是指在平时或时间允许的条件下，伪装效果检测分队对伪装目标进行的检测方法。采用预先检测方法时，应根据侦察测量组提供的目标所处的背景、地形、敌人侦察能力、伪装目标的等级要求，按作战地域背景制作沙盘模拟检测或现地对目标的迷彩伪装、人工遮障、烟幕等伪装方法，进行全面的防光学、防红外和防雷达伪装效果检测。在检测过程中，光学、红外和雷达检测小组可交替进行，再进行综合分析，对伪装效果达不到检测要求的，应及时更正，完善伪装效果。二是伴随检测完善。伴随检测是指在战时或时间不允许的条件下，采用边伪装边检测的伪装检测方法。实施伴随检测时，应根据目标所处的背景、地形、活动特点、敌侦察器材发现目标的能力、目标伪装的等级和上级的检测要求，在集结地域、开进道路上或在伪装作业地域，对伪装目标所采取的伪装方法进行防光学、防红外和防雷达效果检测。各检测小组可同时对一种伪装方法进行检测，也可各组间交替进行，检测结果及时上报，发现问题立即纠正。

（三）行动要求

1. 服从全局，积极行动

部队在遂行工程伪装行动时，必须牢固树立整体意识，采取有效措施，对合成军队作战行动实施积极的工程伪装。指挥员必须从作战的全局利益出发，对伪装部队的作战行动实施正确的指挥。在工程伪装敌情威胁较大、任务繁重、保障对象复杂和伪装工程装备缺乏甚至损伤较大的情况下，指挥员要充分估计伪装部队行动对作战全局的影响，善于掌握对全局有决定意义和有重大影响的关键问题，审时度势，正确决策，灵活指挥。

2. 集中力量，突出重点

重点用兵的原则，是我军"集中优势兵力，各个歼灭敌人"作战法则在工程伪装任务中的具体体现。在遂行工程伪装任务时，只有把专业能力强、伪装技能好的兵力以及伪装装备器材进行科学筹划、合理编组，才能充分发挥部队的作战效能。指挥员应当根据工程伪装任务科学规划，采取有效措施，调动指战员的积极性，充分发挥伪装工程装备和器材的最佳效能，将主要兵力和伪装工程装备用于主要方向和具有决定意义的伪装任务上，加快作业速度，提高保障效益，力求以最小的代价换取最高的效率，确保重要任务的完成。

突出重点，就是必须以防敌空天侦察监视和精确制导武器攻击捕获为重点，集中使用伪装力量，重点完成隐蔽作战发起时间、主要作战方向和重要目标的伪装任务；加强主要作战部队、关键作战阶段和主要作战行动的伪装；根据作战进程和战场情况的发展变化，适时机动伪装力量，迅速形成新的保障重点；加强伪装行动的控制协调，确保主要伪装任务的完成。在集中力量确保重点的同时，以适当的力量完成其他伪装任务。

3. 严守纪律，隐蔽行动

严守伪装纪律是为达到伪装目的、保证伪装效果而制定的行为规则。伪装纪律通常包括规定人员、车辆的活动时间、路线和范围；保持目标背景原貌，消除破坏痕迹；实行灯火、音响和无线电管制；保守秘密等一切防止暴露目标和制止破坏伪装效果的规定。伪装纪律应贯彻伪装的全过程，全体人员都必须严格遵守。

隐蔽作业行动。要广泛运用各种伪装方法，隐蔽作战企图和行动；充分利用有利地形和复杂的气象条件，迅速地机动，适时地集中兵力和伪装工程装备；调动和迷惑敌人，造成敌人的错觉和不意；综合运用各种战术手段和技术措施进行隐真示假，提高部队实施伪装行动的隐蔽性和突然性，出其不意地打击敌人。

4. 掌握情况，实时检查

掌握情况是指挥控制军事目标伪装的前提，是有的放矢地实施军事目标伪装的基本条件，也是防止指挥人员产生主观臆断的根本措施。必须通过各种渠道、手段把握工程保障实际伪装效果，为后续工程伪装行动提供客观依据。伪装检查的主要内容是伪装计划的落实情况、伪装效果和伪装纪律的执行情况。伪装检查由指挥员组织实施；在伪装任务比较集中的地域，应专门设立检查组，进行经常性的检查，发现问题立即解决，检验伪装效果，应力求采用与敌侦察手段相应的方法。

第八章 工程支援装备

工程支援装备是组织实施工程支援行动和获取工程支援胜利的重要物资基础，工程支援装备的创新、改进、发展和科学使用，必将促进工程支援作战指导、力量运用、战法创新和指挥控制等各个方面发生深刻变化，成为工程支援发展变革的强大物质动因。

一、工程支援装备需求

（一）信息主导的指挥控制能力

能否及时、准确获取各种工程情报信息，实现信息的快速传输与处理，是夺取工程支援行动信息优势，提高工程支援时效性的重要前提，这对工程支援装备指挥控制能力提出了更高的要求。一要具有高效采集信息的能力，能够实时、全面、准确地获取各种工程情报信息。二要具有自动处理信息的能力，能够将采集到的各类工程情报信息进行快速、准确、自动的筛选与分类、编辑与整理、存储与分发，从而缩短信息处理时间，提高信息利用率。三要具有高效传输信息的能力，实现工程支援装备间的"无缝隙"通信连接、指挥的网络化和战场工程支援信息的高度共享，从而缩短指挥决策周期，增强工程支援的时效性。

（二）快速灵活的全域机动能力

现代战争，陆军将在更大空间范围内实施全域机动作战任务，这也同时要求工程兵能够在立体化、大纵深的全域多维战场空间遂行多种工程支援行动，保证作战行动的顺利进行。因此，工程支援装备必须具备快速灵活的全域机动能力。工程支援装备要以主战装备的机动速度为标准，不断提高自身机动速度，尤其是在特殊地形条件下的机动能力和两栖机动能力。同时，要具备全域机动的能力，确保及时到达任务地域，精确高效地实施工程支援行动。

（三）高效智能的工程作业能力

工程兵体系作战的基本任务就是为联合作战提供战斗支援，其核心是提高自身作业能力和保障能力。一是高效作业能力。随着侦察监视技术和精确制导武器的广泛运用，侦察与反侦察、机动与反机动、生存与反生存的斗争将更加激烈，工程支援将面临更加艰巨而繁重的任务。因此，工程支援装备应当具备高效作业的能力，能够在各种条件下完成各种工程作业任务。二是智能操作能力。在信息化战争中，工程支援装备将在异常复杂恶劣的战场环境中遂行各种任务，自身面临严重威胁，作业实施极为困难。为使工程支援装备能够深入各种危险复杂地域进行工程作业，工程支援装备应具备智能作业的能力，能够实现作业的自动化和遥控化。

（四）综合持久的环境适应能力

未来我军作战的方向不固定，不同地区的自然环境也不尽相同。东南沿海地区湿热多雨，河流纵横交织，湖泊星罗棋布，河渠如网，地形多为山地丘陵，植被繁茂，土壤结构复杂。在西南边境，既有热带山岳丛林地，山高谷深，沟狭坡陡，林密草茂，河流纵横，道路稀少，雨量充沛，水害严重；又有高原严寒地，山脊狭窄，坡陡谷深，气候严寒，空气稀薄、缺氧，地理条件复杂，地形起伏。西北地区幅员辽阔，纵深宽广，地形复杂多样，回旋余地大，战略地位重要。其新疆四周被连绵陡峻的高大山脉环绕，地形复杂，高差悬殊，山区雪岭连绵，冰川纵横，谷盆间布；盆地中沙漠浩瀚、戈壁辽阔，干旱少雨，大风多；冬季严寒漫长，大雪常拥塞道路；夏季炎热期短暂，融雪时常发生山洪；春秋常刮大风，大可达12级。年、日温差变化都大，年温差在 $-52 \sim 47.6$ ℃。不同的自然环境对工程装备的防潮湿、防锈蚀、抗低温和耐高温、防尘、软件运行环境、平台的机动性能都有较大的影响，它对工程装备的防潮湿、防锈蚀、通信距离的可靠性、平台的机动性能等都有不同的要求。作战方向的不固定，要求工程装备对不同地区各种复杂、恶劣的环境有较强的适应能力。从战场环境来讲，现代条件下作战，敌我双方交战的残酷、激烈的战场环境千变万化，工程装备在极其恶劣的环境中运作，对其战技性能提出极为苛刻的要求。特别是，指挥信息系统与传统的指挥手段相比，最大的区别就在于极大地提高了指挥效能，缩短了指挥周期，适应现代战争的发展要求，但指挥信息系统中的各种设备技术精密、操作相对复杂、价格昂贵、维修保养难度大，一旦发生故障，其工作效能就会大打折扣。能否适应复杂的自然环境和激烈残酷的战场条件，直接关系到指挥机构的生存。因此，提高工程装备的环境适应性，提高工程装备器材在各种环境中正常工作的性能，特别是指挥自动化系统，必须适应野战需要，具备良好的环境适应能力。

（五）安全可靠的战场生存能力

在信息化战争中，工程支援装备要能够防敌在物理域实施打击和摧毁、在信息域实施强电子和网络攻击，就要具有抗敌软杀伤与硬杀伤相结合的双重能力。一是信息防护能力。信息化战场上，敌军一方面对我工程侦察设备和通信信道实施电子干扰和压制，破坏我工程支援信息的有效获取和传输，并采取各种硬打击手段对工程兵信息系统的重要部位进行打击和摧毁；另一方面，可能采用释放计算机病毒等先进的信息攻击手段，攻击我方计算机和网络，对我工程兵信息系统构成极大的威胁。因此，必须增强工程支援装备的信息防护力。二是物理防护能力。随着高技术侦察装备和精确打击武器的广泛应用，在体系作战中，作战双方都十分注重体系破击，力求通过远程精确打击摧毁敌重要目标和关键节点，瘫痪敌指挥控制系统和作战体系结构。因此，工程支援装备必须提高战场防护生存和战斗自卫能力，具有较强的装甲抗毁伤能力、伪装隐身能力和现地抢修能力。

二、工程支援装备体系结构

随着现代军事技术的发展和战争形态的不断演变，我军工程兵完成多样化工程支援任务能力日益增强，传统的工程支援装备体系已经不能完全适应现代战争要求，必须着眼打赢信息化战争和完成多样化军事任务要求，把握工程支援装备建设基本规律，加紧完善工程支援装备基本体系。

（一）工程支援指挥与侦察装备

有效的工程信息支援是在战场上确立信息优势和决策优势以及取得最终胜利的基础。拥有信息化工程支援装备的工兵部队在作战工程支援效能、保障范围等方面都大大优于常规工兵部队。未来工程支援范围广、任务重、时间紧，需要具备较强的信息支援能力和较高的信息共享水平。

1. 工程支援指挥装备

工程支援指挥装备，应当是工程兵指挥信息系统的重要组成部分，可与野战地域通信网节点和战术卫星网链接，在遂行野战保障任务时，接收上级的指示和命令，迅速、可靠、有效地保障各级指挥机构和指挥员实施不间断的通信联络和指挥控制，并实现与友邻部队的紧密协同。

2. 工程支援信息系统

工程支援信息系统主要开展战场环境条件下系统自适应、组网技术和闭环控制技术研究，重点突出工程兵信息传输处理系统、工程支援地理信息系统、工程支援数据库、辅助决策系统、导航定位系统、安全保密系统、敌我识别系统等各种软硬件平台的建设，实现工程支援信息的快速获取和广泛应用，建设满足陆军一体化建设需要、功能齐全的各类各级工程兵支援作战信息系统，使工程兵信息化建设跃上具有自身特色的新台阶。

3. 工程支援侦察装备

工程支援侦察装备是指通过工程侦察为工程支援指挥与决策提供工程与地理信息的装备，如各种工程侦察车、机载障碍侦察系统、数字地形支援系统等。目前,我军迫切需要研发新型工程支援侦察装备,实现对登陆场、浅海、江河、道桥的准确工程侦察,大力提升我军的工程侦察能力。

　　一是尽快开展机载障碍探测及雷场侦察系统的研制。以无人机为平台,以红外行扫描仪、多光谱扫描仪为侦察手段,利用快速图像传输技术实施空中大面积侦察。二是大力发展两栖工程侦察系统。该系统是伴随装甲机械化部队遂行工程侦察任务的工程侦察主干装备,也是一种由水陆两用装甲底盘改装的两栖工程侦察系统,主要用于跨海登岛作战中登陆点水际滩头阵地的工程侦察、道路(地面)及桥梁工程侦察、江河侦察、土壤地质侦察等。三是积极开发新一代水源侦察系统。该系统主要用于在野战条件下侦察水源,确定地下水储存位置及其深度,判断水质情况。

　　要注重工程支援侦察装备的信息化建设。工程支援侦察装备作为信息化战争中遂行工程支援任务的重要前提,在装备发展方面必须满足信息化战争实时化要求,应当充分运用信息技术手段,对工程支援侦察信息进行数字化处理,建立快速实时、信息共享、便于处理的信息资源,为工程兵指挥员的决策提供高效的信息支撑。工程支援侦察装备的信息化可沿着两条途径发展:一是对目前工程兵部(分)队大量装备、使用的工程侦察装备(如工程侦察车、伪装勘测检测车、道路探雷车,以及激光测距机等)进行分析研究,将便携式计算机、控制软件、全球定位系统接收机、数字通信系统、信息采集与处理系统等采用"嵌入"或"附加"方式加装到工程支援装备平台上,使传统的工程支援装备平台具有数字化指挥和控制的能力。二是研制和发展新型工程支援侦察装备时，一开始就进行信息化系统设计，使之与工程兵指挥控制系统兼容。

(二) 机动工程支援装备

机动工程支援装备是工程兵遂行机动工程支援任务的物质基础，主要包括快速克障装备和战斗工程机械。

1. 快速克障装备

在桥梁渡河装备方面，应采用铝锌镁轻金属材料或是复合材料生产重型冲击桥，同时在桥上应装配全球定位系统、监视器和计算机等类似的车辆信息系统等。配备自带动力的带式舟桥，提高军用桥梁承载能力，提高装配式桥梁机械化程度。

桥梁渡河工程支援装备需要具备三个方面的功能。首先，要有简单的土工作业功能，可自行构筑简易的下河斜坡路及渡口码头，以自我保障取代专门的土工机械配属保障，提高架桥速度，减少对配属机械的依赖。其次，吊装、牵引功能。构筑小桥涵时，常需要吊装和牵引构件，桥梁渡河装备要充分注意这两项功能的开发，以省去专门的吊装机具。最后，渡河装备应当具备较强的组合能力，能根据需要随时构成浮游码头、大型装卸平台甚至海上浮游机场。

桥梁渡河桥梁装备，重点解决作业自动化和舟桥架设环境的自适应问题，提高舟桥架设的自动化水平与作业效率同时，开展智能结构技术研究，通过传感元件、驱动元件和微处理系统在基体材料中的融合，实现舟桥和桥梁结构自诊断、自适应和自修复智能化功能。

在破障工程支援装备方面,主要编配有爆破扫雷器材、磁扫雷装置、机械扫雷器材和综合扫雷器材等。未来还应编配遥控清障排爆装备。大力开展无人遥控技术研究,开展地形适应、作业装置优化、自主作业等技术研究,解决清障排爆装备无人平台作业的准确性和效率问题,为无人遥控平台的应用打牢基础。同时,开展高功率激光和高压水流等技术研究,解决精确定点扫雷排爆基础性技术问题,发展遥控清障排爆装备。发展无人机雷场探测系统应用陆军无人机载平台技术,重点解决远距离雷场侦察效果和机载设备轻量化问题,解决远距离雷场探测工程化问题。开展地雷和炸药探测新技术研究,提高对雷场的探测识别能力,从根本上解决地雷爆炸物等远距离探测问题,发展无人机雷场探测系统,突破传统的雷场探测手段。

2. 战斗工程机械

战斗工程机械是遂行道路工程支援的主要装备,必须具备四项功能。首先,推土功能。筑路、架桥、开辟通路需要推土,修野战机场、机降场、港口、码头也离不开推土,渡海登岛抢滩登岛阶段,更需要推除水际滩头的各种障碍。其次,铲土挖土功能。铲挖土是土工作业的重要内容,挖高填低、修建码头、构筑桥涵、平整场地都需要铲运土。再次,平地功能。道路、码头、野战机场、机降场都需要平整。最后,碾压功能。土工构筑中碾压是一道重要工序,新装备应能自行加载,以加大自重提高单位压强,替代专门压实机械。

联合作战中工程支援装备的野战生存能力和防卫能力必将受到严峻的考验。工程兵存在逼近战场前沿作业并直接与敌交火的可能性，存在着防敌地面和空中打击以及自卫还击的现实性，因此，新型工程支援装备，要把提高隐身、防卫、信息传递及夜视能力作为突破口，一定要高度重视其防护性能和战斗性能的改进加强，工程车辆的装甲化对提高防护能力是非常必要的，配备火器、小型导弹发射装置、夜视器材、三防、烟幕或高性能通信器材等，对提高其防护能力和野战生存能力是必不可少的。未来，可为工程兵分队配发新一代战斗工程车、轮式多用途工程作业车、工兵支援车、工兵机器人系统，同时做好挖坑机和野战快速成井钻探机等装备的改进工作。

（三）反机动工程支援装备

反机动工程支援装备指快速设障装备，主要包括机械布雷器材、地面车辆抛撒布雷系统、火炮火箭布雷系统等。未来还应该编配智能地雷及智能雷场。反坦克智能地雷武器系统可同时跟踪多个目标，选择攻击其中数个目标，攻击范围可达360°，攻击距离达百米以上，可攻击扫雷装备。在智能反坦克地雷方面，主要通过自动发现、识别、攻击等技术，使地雷可以在较远距离上主动攻击目标，不仅提高了传统地雷的效能，也使其在战术使用上发生了根本性变化。智能反坦克地雷的突破，使智能雷场成为未来发展方向，同时也为反直升机、反巡航导弹地雷的发展，以及构建战场立体障碍物及系统奠定了基础。开展雷场智能决策和多目标攻击技术研究，重点解决雷场指控协调和超低空地面战场有效设障问题，发展新一代智能雷场系统并为发展战场立体障碍武器系统和区域封锁雷场提供技术支撑。

（四）战场生存与防护工程支援装备

战场生成工程支援装备主要包括伪装装备器材和野战生存防护装备。

"伪装装备器材"是为隐蔽己方和欺骗、迷惑敌方所采取的各种隐真示假措施所使用的各种器材、材料和机具的统称。目前，我军装备的伪装装备器材主要有迷彩伪装涂料、伪装遮障、伪装服、发烟器材、假目标等。迷彩伪装涂料主要包括光学迷彩涂料、热伪装涂料、微波吸收涂料等。光学迷彩涂料产品较多，应用也比较广泛，当前比较有代表性的是美国在20世纪80年代初研制和装备的耐化学战剂的脂族聚氨酯伪装涂料，该涂料不仅耐化学战剂性能好，易于有效地净化处理，而且耐久性远远超过醇酸类伪装涂料，从1983年开始就逐步取代了原来的四色迷彩涂料。目前，我军装备的伪装遮障主要为林地、荒漠和雪地合成纤维伪装网。该器材性能优良，类型齐全，能适合各种地形、背景条件和各种军事装备的伪装要求，能对付紫外线、可见光、近红外线和各种频段雷达的探测，它还配备有专用伪装支撑器材，架设和撤收均迅速方便。

野战生存防护装备主要是指为完成筑城工程构工作业（构筑筑城工事、筑城障碍物及其阵地工程设施等）任务所需要的已列装的各种装备（车辆、机械、作业机具等）。主要包括野战工事作业车、挖坑挖壕机、军用挖掘机等。未来信息化战争中，筑城工程装备要充分利用新材料、新工艺、新方法、新设计，在原有的野战筑城工事和障碍物及阵地工程系统设施的基础上，研究开发一批具有高技术含量的工事、障碍物及阵地工程系统设备（包括工程机械、爆破器材、装备和配套设施），使之能较好地满足现代战争的需要。

(五) 技术支持与保障装备

技术支持与保障装备是指能够于敌火威胁下在交战地域内快速为其他工程支援装备保持良好的战术技术性能和保持持续作战能力提供及时有力的战场服务的装备，如保养车、拆装车、修理车、检测车等。

三、工程支援装备建设

(一) 大力强化工程支援装备的"战斗属性"

现代战争高新技术武器装备大量运用，侦察监视范围不断拓展，毁伤能力显著增强，使装备防护问题更加突出。从近期发生的几场局部战争可以看出，即使防护能力很强的主战装备，也不能避免战损，对于防护能力较弱的工程支援装备而言，受到的生存威胁则更加严重。因此，必须大力提升工程支援装备的防护能力，注重应用隐身技术和防护装甲，使工程支援装备与主战装备防护能力相匹配。将隐身技术应用于工程支援装备，就是要增强工程支援装备的隐身性能，逐步实现隐身化，减少工程支援装备在战场上受到的威胁，提高战场生存能力。将防护装甲应用于工程支援装备，就是要设计研制装甲工程支援装备，如履带式工程机械等。此外，也可以对工程支援装备进行改装，如将装甲车辆用作保障车辆、给轮式车辆加装防弹防地雷装甲和防弹驾驶室，使工程支援装备逐步实现装甲化，提升防护能力。机动能力是衡量工程支援能力的重要依据。未来一体化联合作战将在广泛的地域和空间内展开激烈对抗，部队的机动速度快、距离远、时间长，在客观上需要机动能力强的工程支援装备为部队提供及时有效的支援。为有效提高工程支援装备的机动能力，对应选用改进的运输车型或新型高机动性车辆底盘，增大发动机功率，降低油耗，提高时速和最大行程，使其机动能力能够满足未来作战和遂行工程支援任务的需要。

（二）牢固树立"信息主导"的发展理念

要提高工程兵信息作战的能力，就必须高度重视信息技术在工程支援装备上的运用，全面提升工程支援装备的信息化水平，这就使得工程支援装备发展面临许多前所未有的新情况、新问题，因此，必须牢固树立"信息主导"的发展理念。一是厘清思路，以尽快形成基于信息系统的体系作战能力为目标，以信息配置资源、信息沟通指挥、信息网络化统筹战场布局，确定基于信息系统的体系作战工程支援装备发展的总体目标和整体规划。二是转变观念，在发展观念上要由传统的装备平台观向现代立体观转变，由传统的机械装备观向现代智能装备观转变，由传统的装备能量观向现代信息观转变，由物理空间保障观向信息空间保障观转变，由兵种独立保障观向联合保障观转变。

（三）加强与合同作战装备的体系集成和系统配套建设

我军工程支援装备体系必须紧紧围绕合成部队装备体系总体军事需求搞好顶层设计，集成构建既能保证工程支援装备体系内部互联互通，又能保证工程支援装备体系与作战部队互联互通互操作和信息共享的网络体系。一是坚持工程支援装备与信息化主战装备协调发展。把工程支援装备纳入全军武器装备的发展体系，使工程支援装备与其他军兵种现役装备和拟发展的主战装备相协调,力求实现工程支援装备的通用化、标准化和系列化。二是坚持工程支援装备自身的体系配套。要根据战时工程支援装备可能担负的任务,科学设计工程支援装备体系,减少装备品种、精干体系系列。要在纵向技术一体化的基础上,重点拓展横向技术一体化,通过使用统一的技术标准、技术规范和网络协议,使各种工程支援装备配套协调,最终实现整个工程支援装备系统的互联互通互操作,以逐步形成体系作战能力。

(四)加大对现有工程支援装备的信息化改造力度

面对我军工程支援装备信息识别能力和通信系统互联互通能力较弱;部队服役的老、旧、差工程支援装备仍占有相当大的比例,设计不够小巧、轻便,不适合空运、吊运等问题,工程兵应当广泛运用最新的信息技术成果,重点加强对现有各类工程支援装备的"嵌入式""附加式"技术改造。一是信息改造,内部嵌入。通过嵌入智能技术、成像技术、机电信息技术、隐形技术和防精确制导技术等,提升现有工程支援装备性能。二是横向发展,外部集成。为现有工程支援装备附加先进的卫星定位系统、自动故障检测系统和作业标准质量控制系统,实现定位、检测、作业的自动化、实时化和快速化。

(五)加强对新型工程支援装备的研制

要坚持以体系作战的任务需求为牵引,充分利用信息技术,将工程支援装备信息系统与机械系统有机结合,积极开展新型工程支援装备研制。一是研制智能化、组合型的新型工程支援装备,使工程支援装备具有全天时、全天候、全地形的工程支援能力。二是通过运用先进的传感技术和传感处理系统，使工程侦察装备具有远距离侦察能力。三是以仿真技术、隐形技术、激光技术为重点，以新型复合材料技术、生物技术和信息技术为突破口，研制高技术伪装隐身性工程支援装备。四是采用微波、激光、雷达等新技术研制新一代防侦察监视、防电磁攻击、防精确打击的一体化工程支援装备。五是研制用于信息对抗的装备器材，如仿真假阵地、制式假目标、大型目标的多波谱烟幕防护器材、新型干扰器材等。

第九章 工程支援发展趋势

在世界新军事变革浪潮的推动下，战争形态正在由信息化战争向智能化战争转变，与作战工程支援活动密切相关的环境和条件都发生了深刻变化。工程支援点多、面广、战线长，支援力量多元，支援受战场条件和作战任务制约。由此对作战工程支援力量、样式、任务和行动等都提出了新的客观需求。探究与之相适应的工程保障发展趋势，既是时代赋予我们的研究任务，更是应对未来挑战的需要。

（一）在工程支援样式上，一体化联合战斗工程支援将成为未来工程支援的主体样式

以信息技术为核心的武器装备广泛运用于战场，使现代战争的作战样式、作战方法等发生深刻变革。有什么样的战争必须具有相应能力的军队。机械化军队向信息化军队的转型，必然要求具有信息化作战工程支援能力的作战单元与之相适应。信息化战争基本作战形式是一体化联合作战，而战斗层次达成战役甚至战略目标是信息化战争的必然发展。"一体化联合战斗工程支援"是在联合战斗编成内，工程支援力量使用信息化、智能化工程装备和工程技术手段为联合战斗行动顺利进行提供支持和援助的工程作

战行动的统称。信息化、智能化的工程装备极大地提高了工程支援能力，一体化联合战斗工程支援是未来工程支援的主体样式，是最大限度发挥工程支援作战效能的基本样式。

未来，一体化联合战斗工程支援将有以下特点：适应未来战场流动性，充分实施动态支援；与战场信息化建设同步，充分发挥信息、智能装备性能；执行任务转换快，支援时效性强；适应工程支援复杂性，指挥管理便捷；配备信息化、智能化工程装备器材，充分发挥整体效能。随着信息时代的来临，信息技术为工程兵具备"先敌发现、先敌了解、先敌行动"的作战支援能力创造条件，当部队遇到障碍，工程兵可预先通过地理空间系统感知战场态势，利用计算机统计出情报、地形信息以及天气的数据，确认通往目标的多条路线，并分析出每条路线上的障碍，实施预先"告知"与"决策"，以最快捷、最高效的方式，为己方部队实施机动创造条件。作为工程兵作战实践领域的重要组成，在军事转型背景下，特别是工程兵全面转型背景下，一体化联合战斗工程支援正逐步变为现实。在信息化建设上，工程兵注重与主战兵种同步发展，在作战理论、体制编制和武器装备等方面都进入了一个快速发展的时期。网络信息系统的发展使主战兵种与保障兵种间实现了信息共享，这就促使工程支援力量逐步具有反应快速、指挥灵便、作战效率高等特点，便于综合运用，遂行一体化联合作战工程支援任务的能力，从而在最短的时间内了解需要保障的装备与作战行动地域，迅速制定支援路线，并运用信息化、智能化的工程装备，及时、准确地实施工程支援。

（二）在工程支援范围上，将由过去的突出地面、前沿支援转为面向全域、立体支援

新时代军事战略方针，明确了工程兵将使用新型战斗支援工程装备，支援联合登岛、边境封控与反击、岛礁夺控等联合行动，要完成远程精确的全域、立体支援是对工程支援提出的新要求。全域、立体支援是在陆军、海军、空军、火箭军和地方力量共同实施的支援，不受以往战区限制，采取空中、地面、海上等方式进行，是一种联合行动，是联合作战的重要组成部分。"精确"是相对于"粗放"而言的，以往工程支援尽管也是进行的有组织的转移，但工程支援只是作战力量的前沿预置和战略、战役部署行动，因此相对"粗放"。信息化联合作战工程支援与作战行动联系紧密，强调信息主导下全域、立体工程支援在时间、地点上的高度精确，使之能在作用点上聚合更高的能量，形成精确支援，促使作战力量发挥最大效能的有利态势。信息化联合作战工程支援是直接为打击或占领控制冲突地区服务的作战行动，要求将战斗力精确地作用于作战空间和打击目标。信息化联合作战中的"走"是直接为"打或控"服务的，"走"就是抵达实施"占领或控制"的阵位，这是核心所在。

传统的机械化战争中，局部战争的火力打击、兵力攻击作用范围有其明显的地域性，在工程支援范围上更多的是突出了地面、前沿支援，而在信息化战争中，越来越多地直接对敌国政治、经济、军事等核心目标及要害目标实施有重点的精确打击，火力打击、兵力打击是全纵深立体精确打击，打击的范围上也无前沿、纵深区分，打击的空

间上也呈现出多维立体打击的特点，而且现代局部战争冲突危机多具有突发性，且多发生在边境地区、沿海地区或海外地区，一旦出现明显的征候或爆发战事，我军就会主要靠临机从战略、战役纵深向相关地区机动，以完成展开和部署，因此对工程支援能够对作战部队进行有效支援提出了较高要求。在机动时间紧、任务重，特别是敌情威胁下能否快速及时地机动到位，决定着力量能否有效集聚，能否为威慑敌人、控制局势特别是夺取作战胜利奠定基础。工程支援必须紧密围绕作战意图，从多维空间向任务地区或有利位置进行有组织的支援行动。一直以来，我军作战工程支援基本属于区域防守型，支援方式较为单一，支援区域极为有限。然而信息化战争和我军遂行多样化作战任务，对工程支援提出了较高的要求，必须实施远程、精确的全域、立体支援。

（三）在工程支援行动上，将由过去的预有准备、计划支援转为快速应变、临机支援

现代战争已进入"秒杀"时代，"以快制慢"是信息化战争的制胜之道。传统的遂行工程支援行动，通常按照合成部队梯次部署、线式攻防、逐次争夺的方式，在相对狭小的空间领域、比较明确的作战方向和时间阶段，运用的是相对单一的行动方法和手段，采取的是一种条块分割、按级保障、预先编组、集中配置的定点、静态支援模式。然而联合作战，作战空间领域向多维拓展，武器装备性能大幅跃升，指挥控制能力逐步提高，使得工程支援力量在作战行动、作战编组、行动方式等方面具有了更大的灵活性。主要原因如下。一是战争形态发展演变的客观要求。

当前，战争形态正在由机械化战争向信息化战争加速转变。过去的预有准备、计划支援的作战行动将很难再现，而快速应变、临机支援等成为工程支援力量的一项重要任务。二是编制装备调整更新的现实驱动。在我军信息化建设转型加速推进的大背景下，工程兵新型工程装备陆续列装，工程支援力量遂行任务能力的大幅提升，为快速应变、临机支援提供了可能。三是作战理论创新运用的延伸拓展。目标中心战作为作战思想的新探索，对战役战术、各军兵种作战思想及行动方式都产生了很大影响。随着理论向实践运用层面的延伸拓展，相应的作战工程支援理论也要随之配套完善，形成体系。四是任务职能灵活多样的需求牵引。信息化联合作战，作战工程支援地位作用发生深刻变化，担负任务更加广泛，作战运用更加灵活，快速应变、临机支援将成为作战工程支援力量遂行任务的一种重要方式。

未来作战，作战双方努力适应作战节奏快的特点，灵活机动地运用各种作战手段，致使战场情况瞬息万变，各种意想不到的情况会突然出现。敌人凭借其信息技术优势，在"高度透明"的战场随时可能变更部署或采取突然行动以达成其作战目的，使随机工程支援任务加重。如敌人突然改变进攻方向，这将导致我在原攻击方向采取的工程措施丧失效能，不得不临时在新的方向采取工程措施。敌具有较强的远距离作战能力。可运用远距离撒布手段在我纵深布撒地雷或其他障碍物，封闭通道，阻滞和限制我军机动；可运用精确制导武器破坏我重要道路、桥梁、机场、列车编组站等交通枢纽。上述情况，都须采取紧急工程措施与敌对抗,这就说明过去的预有准备、计划支援已不能适应现在作战的需求,必须转变为快速应变、临机支援的工程支援行动。工程兵在遂行临机支援任务时,需要重点把握以下几点。一是科学编组力量。选择精干的工程支援专业力量和小型、灵活、机动能力强的工程装备遂行工程支援任务。例如,在前沿攻击群全力突破敌一线防御的时候,机降分队为了配合前沿攻击群打开突破口要在敌纵深实施机降,这时就要在敌纵深构筑直升机起降场,遂行任务的工程支援力量应该是精干的工程兵小分队和小型可空投的工程装备。二是注重信息支撑。综合运用各种手段获取和利用战场信息,为指挥决策和作战行动提供依据,充分发挥信息保障的作战效能。利用有线、无线、卫星、简易通信等手段,建立高低结合、多维融合、互联互通的信息传输网络,确保信息安全、高效传递。

(四)在工程支援任务上,将由过去的强调局部、重点支援转为强调整体、协调支援

体系融合是信息化联合作战的基本特征,工程支援力量是联合作战不可或缺的重要组成部分,信息化战争中,军队的火力、突击力、机动力、防护力、电子对抗能力和指挥能力空前提高,使工程支援任务呈现出许多不同于以往的新特点,支援范围广、工程量大、质量要求高、时效性强,支援任务的复杂性、突然性、连续性增强,组织指挥复杂,保障军队战场生存和机动、限制敌人机动的任务更加突出和艰巨,传统的强调局部、重点支援的支援方式已不能适应联合作战需要,必须转变为强调整体、协调支援。

联合作战更加注重多维战场、多元作战力量、多种作战行动，要求工程支援与之相适应。只有工程支援与联合作战行动具有高度的一致性，才能确保围绕统一目的协调一致地行动，彻底解决以诸军种各自保障为依托所带来的各自为政、保障交叉等问题。一是作战力量多元联合，对工程支援需求量多。作战力量是作战双方赖以存在和对抗的基础。未来局部战争中，作战双方将在陆、海、空、天、电磁和信息空间领域全面展开抗争。现代战争实践表明，任何单一的军兵种力量都很难独立达成作战目的，必须依靠多军种和其他武装力量联合作战，优势互补，发挥整体威力方能制胜。参战的各军兵种部队，既是工程支援的力量，又是工程支援的对象。要对所有参战力量，包括民兵、人民群众的作战行动都采取有效的工程支援措施。这样，才能保证各种作战力量充分发挥出整体合力。二是战场范围的扩大，带来工程支援任务增多。战场范围扩大，必然带来部队的远距离机动。如海湾战争地面作战，作战发起前美军第18空降军沿伊科边境向西机动400千米，作战发起第二天就深入伊境内260余千米。远距离机动使机动工程保障任务随之增大。战场范围扩大，必然带来部队的间隙增大。为了掩护翼侧、间隙地、接合部，必须设置大量障碍物，反机动工程保障任务也随之增多。战场范围扩大，工程伪装任务必然增加。作战地幅内大型重要目标增多，要隐蔽、掩护这些重要目标，须采取各种伪装措施；作战部队实施远距离机动，行动暴露，也须采取多种伪装措施；战场范围扩大，有必要构筑假阵地、部队假配置地域等。这些工程伪装的工程量十分浩大。三是作战节奏加快，进程缩短，完成工程支援任务的时间相对缩短，紧迫性增强。由于作战进程缩短，可用于工程作业的时间也随之缩短。这就对工程保障的时效性提出了很高的要求。在工程保障任务一定的情况下，要适应作战节奏快、进程缩短的特点，必须增强工程作业力量，研制新型工程装备器材，改进工程作业方法，加快作业速度，提高作业效率，以速度赢得时间，在有限时间内完成繁重的工程保障任务；必须适时调整兵力和工程器材，及时组织工程支援任务的转换，最大限度地利用时间。

（五）在工程支援力量上，将由过去的以机械为主、分散运用转为智能支撑、聚能高效

可以预见，在未来战争中，广泛应用智能化武器，将颠覆传统作战模式，一体化联合作战，作战节奏和作战进程明显加快，尤其在这种强调信息主导、快速反应、速战速决、非线式的作战背景下，战场工程支援任务复杂多变。这时，用什么力量，动用几种类型的装备，采取何种工程措施，都需要在短时间内快速决策和及时行动，因而智能支撑、聚能高效将变得十分重要。传统的工程支援力量是以机械装备为主、人员分散运用的方式已不能适应未来战争需求，智能支撑、聚能高效将逐步取代传统的力量运用方式。

随着国家对于工程支援力量信息化、智能化建设逐步加强，尤其是在工程装备建设方面，我们已经研制并装备具有综合作业能力的工程装备，无人化工程装备已经部分投入实践，智能化工程装备正在不断加紧研发。随着信息化、智能化建设的不断发展，这些装备一旦投入战场，就

会大大提高工程支援的效率，增强工程支援力量具有执行多种任务的能力，甚至是引起工程支援模式的革命性变化。比如，在进攻作战开进路线上，运动保障队不仅能够快速克服弹坑、巨石，还能够克服干沟，河流；不仅能够完成道路桥梁的构筑、维护和抢修，还能够克服敌人设置在机动道路上的爆炸性障碍物；不仅能够保障部队的快速开进，还能够在遇到敌机轰炸时保障开进部队的临时疏散隐蔽，在智能化、集成化、一体化的工程装备支持下，工程支援力量可以从容应对这些战场需求。智能支撑的目的是运用信息系统将全域、分散、点状配置的各种力量要素，融合为相互补充、相互依赖、相互支持的有机整体，最大限度地发挥系统整体威力。联合作战中，工程支援力量整体联动，同步运行，使各种力量凝聚成一个整体，实现工程支援效能的聚合，并随时根据战场形势的变化做出协调一致的反应。根据各个时段的作战工程支援任务，指挥员迅速决定用什么力量，以什么方式，采取什么工程措施，遂行工程支援任务，从而确保整体力量得到最大限度的发挥。智能支撑是发挥效能聚合的基础和保证，表现为根据不同的作战工程保障任务，对工程保障专业力量进行整体规划、按照力量运用的一般原则合理区分使用，在遂行任务的过程中进行科学控制和协调，最终目的是实现工程支援效能的最大化。

参 考 文 献

［1］全军军事术语管理委员会，军事科学院．中国人民解放军军语［M］．北京：军事科学出版社，2011.

［2］韩玉振，苏怀东，马作仁．工程保障概论［M］．北京：解放军出版社，1994.

［3］朱剑敏，李华兵，叶春雷．联合作战与工程保障［M］．北京：国防大学出版社，2011.

［4］吕建强，吴立新．陆军精确战斗工程支援［M］．北京：解放军出版社，2006.

［5］杰夫·科尼什．战场支援［M］．王增泉，丁夏萌译．济南：明天出版社，2003.

［6］李京旭．基于信息系统的联合作战指挥［M］．北京：军事科学出版社，2013.

［7］张照华．目标情报支援联合战术、技术与程序［M］．北京：解放军出版社，2009.

［8］靳敬纯．一体化联合作战空间信息支援保障研究［M］．北京：国防大学出版社，2008.

［9］樊灵贤，房永智．工程兵作战行动论［M］．北京：国防工业出版社，2016.

［10］唐振宇，王龙生．作战工程保障论［M］．北京：国防工业出版社，2016.

［11］房永智，鲍根生. 工程兵作战指挥论［M］. 北京：国防工业出版社，2016.

［12］纪荣仁. 联合作战中军兵种运用［M］. 沈阳：白云出版社，2011.

［13］曹正荣. 联合作战力量运用研究［M］. 北京：军事科学出版社，2011.

［14］工程兵指挥学院. 基于信息系统的体系作战工程装备建设与运用［M］. 北京：军事谊文出版社，2011.

［15］马平. 联合作战研究［M］. 北京：国防大学出版社，2013.

［16］檀松，穆永朋. 联合战术学［M］. 北京：军事科学出版社，2014.

［17］傅秉忠. 陆军战役学教程［M］. 北京：军事科学出版社，2013.

［18］夏文军. 军队指挥学教程［M］. 北京：军事科学出版社，2012.

［19］卢利华，郭武君. 作战指挥基础教程［M］. 北京：国防大学出版社，2013.

［20］任连生. 基于信息系统的体系作战能力教程［M］. 北京：军事科学出版社，2013.

［21］李春立. 陆军作战指挥新论［M］. 北京：军事科学出版社，2011.

［22］陈荣弟. 联合战斗教程［M］. 北京：军事科学出版社，2013.

［23］刘兆忠. 联合作战综合保障研究［M］. 北京：解放军出版社，2011.

［24］张培高. 联合战役指挥教程［M］. 北京：军事科学出版社，2012.

［25］彭呈仓. 精确作战［M］. 北京：国防大学出版社，2011.

[26] 李京旭. 基于信息系统的联合作战指挥 [M]. 北京：军事科学出版社，2013.

[27] 刘卫国. 数据化作战指挥研究 [M]. 北京：解放军出版社，2012.

[28] 马开城，刘非平. 数据化作战指挥活动研究 [M]. 北京：解放军出版社，2013.

[29] 熊家军. 云计算及其军事应用 [M]. 北京：科学出版社，2011.

[30] 任国军. 美军联合作战情报支援研究 [M]. 北京：军事科学出版社，2010.

[31] 高健，钱尧山. 美军联合转型路线图 [M]. 沈阳：辽宁大学出版社，2011.

[32] 王保顺. 我军装备试验体系建设的思考 [J]. 装备学院学报，2012，23（6）：106-110.

[33] 沈云峰. 工程装备作战运用 [M]. 北京：军事科学出版社，2012.

[34] 杨绪明. 陆军建设概论 [M]. 北京：解放军出版社，2010.

[35] 董连山. 基于信息系统的体系作战研究 [M]. 北京：国防大学出版社，2014.

[36] 汪维余. 军事能力建设的理性思考 [M]. 北京：海潮出版社，2012.

[37] 姬改县. 工程兵信息化建设深化研究 [M]. 北京：蓝天出版社，2012.

[38] 赵刚. 大数据技术与应用实践指南 [M]. 北京：电子工业出版社，2013.